Loïc le Ribault et le « G5 »

Recevez gracieusement notre catalogue

Suisse : Éditions Ambre, C. P. 3625, 1211 Genève.
France : Éditions Ambre, B. P. 13, 38661 Le Touvet cedex.
ou téléchargez-le depuis la page d'accueil de notre site :
www.editionsambre.com

Dessin de couverture M-D Vrac. Maquette : Les Quatre Lunes / Santiago Bordils

www.editionsambre.com
e-mail : editionsambre@slatkine.com

e-mail de l'auteur : silicium.organique@free.fr
ISBN : 978-2-940430-29-1

Jean-Daniel
METZGER

Loïc le Ribault et le « G5 »

Histoire d'un "parasite" de Norbert Duffaut
et du silicium organique

AMBRE
ÉDITIONS

Présentation

L'avantage d'avoir été catalogué Hors-la-Loi, c'est qu'ensuite on se place au-dessus d'Elles.

Loïc Le Ribault, le 14 juillet 1958

Il n'aurait pu mieux dire et ce livre prouve qu'il a fait sien ce principe…

Le cadre, les acteurs et les éléments de l'histoire

Le *silicium organique*[1] est un produit assez connu et très prisé chez les personnes intéressées par la diététique et les médecines alternatives.

Norbert Duffaut (1923-1993), qui fut professeur de chimie organique à l'Université de Bordeaux est, son premier brevet datant de 1959, à l'origine de cette vogue avec son "D.N.R.". Cette vogue assez localisée prendra une ampleur nationale et même internationale à partir des années 1995 avec la geste d'un certain Loïc le Ribault (1947-2007). Surtout connu comme créateur d'un laboratoire de micro-analyses, ce personnage était devenu un expert judicaire encensé par les médias pour avoir été à l'origine d'une véritable révolution en matière de police scientifique[2].

Les "clowns" dont il sera question dans le cours de cette histoire sont les premiers comparses de ce Loïc Le Ribault à qui j'ai emprunté le qualificatif.

Le "G5" c'est le nom donné, assez tardivement, par Le Ribault à la molécule organo-silicée qu'il a prétendu avoir améliorée. Le "G5" n'étant que l'une des nombreuses offres[3] à base de *monométhyl silane triol.*

Objet de ce livre

Ce livre n'est pas un traité scientifique ou thérapeutique sur le *silicium organique* en temps que médicament, complément alimentaire ou produit cosmétique mais une histoire du "G5" remise dans son contexte.

M'étant intéressé à la genèse du "G5" par pure curiosité, j'ai fini par découvrir que Loïc le Ribault n'a strictement rien inventé et qu'il s'est contenté d'exploiter de façon éhontée l'une des formules de "DNR" conçues par Duffaut dès 1959 en faisant croire au public qu'il aurait amélioré ce composé pour le rendre buvable. Il s'agit d'un pur parasitage et ce n'est pas tout car la carrière de Le Ribault en tant qu'expert en microanalyse laisse songeur.

J'entends tout de même souligner que ni l'auteur, ni aucun de ses proches n'ont eu à faire avec ce personnage (nommé dans la suite du texte LLR) que ce soit directement ou indirectement. Ce livre n'est donc pas un *règlement de comptes* mais une mise en ordre motivé par le seul goût de la vérité.

Je suis conscient qu'en critiquant une personne qui n'a plus la possibilité de se défendre, je risque de m'attirer des protestations mais s'il fallait considérer cela comme un empêchement dirimant, il faudrait interdire l'histoire et mettre tous les historiens à la retraite d'office !

Ce n'est qu'après avoir ainsi déblayé le terrain que l'on pourra éventuellement refaire le point sur l'intérêt du *silicium* et de ses applications car s'il demeure un produit précieux et s'il a rendu de précieux services[4] ce n'est nullement une "molécule magique".

Précisions sur la hiérarchie des "Gx"

Le "G" signifiant "génération", le "G5" est en réalité une *marque*. Bizarrement, elle n'a jamais été déposée par le Ribault et les dépôts qui font usage de cette dénomination sont très tardifs, ce qui est assez significatif d'une certaine improvisation de la part de LLR. Enfin la hiérarchie évoquée n'est pas conforme à l'histoire vraie.

Voici la déclaration de Le Ribault au procès de 2004 :

Le G1, c'est Duffaut avec comme stabilisant de l'acide salicylique. Il causait des allergies, Duffaut l'a remplacé comme stabilisant par l'acide citrique avec le G2.

Moi avec les grains de sable, le G3.

Le G4 : c'est avec l'hyposulfite de sodium.

Le G5 est plus pur [.]

Le "G1" correspond en réalité à une première formule à base d'acide ascorbique que Duffaut a abandonnée car elle jaunissait rapidement et c'est le "G2" qui a correspondu à l'acide salicylique comme stabilisant. LLR a tout faux car c'est le "D.N.V." (avec un V pour *virus*) qui contenant de l'acide citrique.

Le "G3" ce serait le silicium censé avoir été fabriqué par LLR à l'aide de bactéries et donc à partir de grains de sable. Et là on entre dans la légende... Ou plutôt dans le domaines des *fables*... Jamais personne n'a su et n'a pu fabriquer un silicium organique de cette façon.

Observons que cette hiérarchie ne reflète pas la complexité des essais de Duffaut et qu'au surplus on passe donc d'une procédure censée être *naturelle* ("G3") à une procédure purement *synthétique*, chimique donc et *artificielle* puisque le "G4" est un composé à base de *méthylsiliconate de potassium* de synthèse.

Quand au "G5" *plus pur,* cela ne veut rien dire ! Si l'on se réfère à la composition figurant sur les étiquettes du "G5" irlandais, ce "G5" n'est que le composé déjà cité préparé par acidification à laide d'*acide phosphorique* ou plutôt un mélange d'acide citrique et d'acide phosphorique.

On retrouve du reste un écho du même genre de fausse hiérarchie visée plus haut chez *Codipharm* avec le "VS2" et le "VS3". Ce dernier est désigné comme du *monométhylsilanetriol citrate de potassium.* Ce qui veut dire que le *méthylsiliconate* est dilué dans une solution d'acide citrique ! C'est en fait ce que Duffaut appelait "D.N.V."...

Le Laboratoire Berkem qui a fabriqué le premier des "G5" produit industriellement est censé l'avoir fabriqué à l'aide de sable par le travail de bactéries. C'est du moins ce dont LLR a persuadé ses distributeurs de l'époque comme en a témoigné un naturopathe qui s'est fait escroquer en voulant placer de l'argent dans un *Institut de silicothérapie* qui n'a jamais existé que sur le papier (voir p. 83-84)

Enfin, la confusion entre une origine sableuse mensongère du "G5" et l'utilisation de *méthylsiliconate* de provenance industrielle a perduré jusqu'à l'intérieur même des débats du procès survenu en 2004[5] !

J'ai détaillé l'examen de tous les brevets de Le Ribault et il n'en existe aucun qui fasse mention d'une production naturelle par des bactéries.

Les légendes traditionnelles véhiculent une part de vérité souvent purement symbolique mais dans le cas présent il s'agit de l'un des nombreux bobards que LLR a répandus.

La supercherie de LLR

Voici ce qu'il est important de bien comprendre d'emblée ! Le Ribault n'a fait qu'exploiter la "recette" de Duffaut à base de *méthylsiliconate de potassium* en association avec l'un ou l'autre des stabilisants prévus par lui dans son brevet initial (1959)[6]. Cependant il a réussi par diverses embrouilles à persuader ses dupes que son silicium aurait été modifié pour devenir *buvable* alors qu'en fait il l'était déjà du temps même de Duffaut, ce dernier ayant estimé que quoique n'étant pas toxique, il risquait de polymériser au contact du pH de l'estomac[7]. Il en faudrait cependant de grandes quantités pour qu'il produise une résine insoluble et des effets dommageables[8]. Néanmoins, la réduction des douleurs articulaires, que beaucoup d'utilisateurs ont constaté après une cure de 1 à 3 mois, montre que le composé passe au moins en partie par la voie orale.

L'interdiction au 1er janvier 2010

Le *monométhyl silane triol* est interdit par la législation européenne en tant que *complément alimentaire* depuis le 1er janvier 2010 suite à un avis négatif de l'EFSA, cet interdit ne concernant pas les usages cosmétiques (gels).

Le mécanisme de cet interdit est le suivant et il n'a rien à voir avec les rumeurs au sujet du *Codex Alimentarius*. Le cadre a été fixé par la directive 2002/46/CE (10 juin 2002) qui a fixé une liste et des conditions de dosage et d'étiquetage pour les compléments alimentaires en précisant que les compléments non mentionnés dans la liste (mais cependant déjà en vente dans certains états de l'UE avant le 12 juillet 2002) seraient tolérés jusqu'au 31 décembre 2009, à la condition que l'EFSA n'ait pas émis un avis négatif à leur encontre.

Pour que la vente des compléments non listés en 2002 puisse continuer à partir du 1er janvier 2010, il aurait fallu qu'un ou plusieurs pétitionnaires obtiennent un agrément. Deux demandes, dont une émanant du laboratoire irlandais, ont été posées début 2009, et en juillet de la même année l'EFSA a rendu un avis négatif. Cet avis négatif a été motivé par l'absence d'études suffisantes portant sur le *degré d'assimilation* du *monométhyl silane triol* par voie orale et par la prétendue insuffisance des études de *non toxicité* (intrinsèque[9]) du composé.

Cet avis est certes très discutable mais il ne résulte pas d'un "complot" mais plus simplement d'une certaine mauvaise volonté et en partie d'une certaine imprévoyance des producteurs[10].

Contournements à prévoir

Les laboratoires respectueux de la législation en vigueur, ont d'ores et déjà renoncé au *monométhyl silane triol* pour la forme buvable de leur silicium au profit soit de l'*acide orthosilicique stabilisé par de la choline,* soit d'un *silicium d'origine végétale* tandis que certaines sociétés paraissent avoir tout simplement renonc[11].

Le laboratoire irlandais aurait seulement prévu de changer l'étiquetage du *monométhylsilanetriol* sous forme liquide en le réservant à un *usage externe* de sorte que les anciens utilisateurs continueront à le boire et seront plus ou moins discrètement encouragés à le faire.

Le laboratoire espagnol vient quant à lui d'annoncer un produit conforme à la nouvelle législation sous forme de "produit buvable et légal"[12].

A noter qu'en devenant un pur cosmétique, le *monométhyl* en version liquide va passer d'une T.V.A. à 5,5 % à une T.V.A. de 19,6 %[13]...

Enfin et compte tenu de la mise à l'index du *monométhylsilanetriol* en tant que solution buvable, il faut s'attendre à un débat sur le degré d'assimilation des produits de substitution.

Il me reste à préciser que ce livre ne prétend pas répondre à toutes les questions que l'on peut se poser à propos du *silicium organique.*

Je compte ouvrir un site, voire un "blog" pour traiter éventuellement les questions laissées en suspens. Néanmoins, la présente enquête devrait déblayer le terrain d'un certain nombre d'invrai-semblances.

J'ai veillé, dans la mesure du possible, à faire en sorte que la dénonciation de l'imposture de Loïc Le Ribault ne puisse rejaillir sur la cause du *silicium organique.* Cependant, à l'impossible nul n'est tenu... [14] !

Histoire du "G5" et du "silicium organique" au jour le jour

Loïc le Ribault (LLR) a réussi le prodige consistant à forger une véritable légende du "G5" que quantité de "fans" ont rabâchée sans aucun discernement. Pourtant, un certain nombre de détails "fantasmatiques" auraient du mettre la puce à l'oreille des observateurs et les inciter à la méfiance...

Le seul moyen dont on disposait pour voir clair dans l'histoire du silicium consistait à dépouiller une a une les différentes sources disponibles et à compiler les éléments en une chronologie précise avec pour chaque élément l'indication de la source si nécessaire.

De cette manière les invraisemblances avaient toutes les chances d'apparaître. Il restait à commenter les points litigieux.

1823 – Le silicium est isolé par Berzelius

Le silicium figurant dans la colonne IV de la classification périodique des éléments possède à la fois des affinités électronégatives autant qu'électropositives.

Le chimiste Berzelius

1878 – Pasteur aurait prédit l'avenir du silicium

Duffaut tenait Pasteur en grande révérence et l'enviait. À la décharge de LLR, on doit reconnaître qu'il a découvert en 1997 ses fraudes et ses emprunts… Néanmoins, il est exact que dans une lettre conservée à la station de Sails-les-Bains, Pasteur a écrit ceci à propos des affections de nature arthritique : *L'action de la silice et l'action des silicates est appelée à jouer en thérapeutique un rôle grandiose.* Grandiose, l'*arnaque* de LLR l'a été.

1923 ou 1924 – Naissance de Norbert Duffaut

Il y a contradiction sur l'année de naissance. Maïté Janet postule pour 1924. C'est sans incidence excepté si on voulait dresser le thème astrologique de Duffaut ce qui, en un certain sens serait assez légitime puisque lui-même croyait en cette pratique. Malheureusement, il semble n'en avoir fait qu'un usage très critiquable puisqu'il était surtout préoccupé de gagner à la Loterie Nationale comme cela ressort dans un mémoire dont il sera question plus loin.

On dispose de deux sources sur la vie de Duffaut : son manuscrit, reproduit par LLR en 2003 sur l'un de ses sites et le livre de Maïté Janet.

Dans sa préface au texte intitulé *Les tribulations d'un Découvreur Non Reconnu,* LLR accentue le contraste avec sa propre personne en présentant son ami Norbert comme étant quasiment confit en dévotion tandis qu'il se définit lui-même comme *un mécréant plaqué soufre pur.*

Et l'on apprend par la fille du Dr Janet, la croyance de Duffaut en la thématique hindoue des "vies antérieures". Ainsi Duffaut croyait en la *réincarnation* et il a pratiqué le yoga avec un *swami* qui est devenu un des hôtes de la maison de campagne et de vacances du Dr Janet. En revanche Maïté Janet a fait l'impasse sur le goût de Duffaut pour l'astrologie, je cite ce dernier :

En même temps qu'à la musique et à la philosophie, je m'intéressais à cette époque à l'astrologie. J'appliquais les données de cette connaissance, pour ne pas dire de cette science, à la loterie nationale. […]

J'établissais l'horoscope des gens de mon entourage et leur faisais prendre des billets à mes frais à leurs heures astrologiquement favorables.

Ce système ne déplaisait pas à mes nombreux coacteurs. Aucun litige ne survint entre nous, puisque nous perdîmes systématiquement. Si nous avions gagné des sommes importantes, peut-être que des contestations seraient survenues. L'occasion ne se présenta jamais. Bien que je n'eusse aucune contestation avec mes joueurs, je fus personnellement l'objet d'une aventure désagréable avec un vendeur de billets de loterie nationale.

Ayant noté sur les "Cahiers astrologiques" qu'une configuration astrale semblait devoir m'être favorable un soir à 23 h 45, je demandai à ce vendeur, que je connaissais de longue date, de bien vouloir me vendre un billet à cette heure-là [...]

Les *Cahiers Astrologiques* étaient dirigés depuis Nice par un immigré russe, Alexandre Volguine. La suite de la mésaventure vous la trouverez dans le texte cité, c'est une histoire de braquage...

À ces détails concernant Duffaut, il faut ajouter que Louis-Claude Vincent, le créateur de la bioélectronique, s'est intéressé à l'histoire du *continent Mu*. Or Vincent a fréquenté les Janet et Duffaut.

Bref, il faut souligner qu'une partie du milieu intellectuel dans lequel Duffaut a évolué baignait plus ou moins dans un courant qui, des années plus tard, allait être connu sous l'appellation de *new age*. Ce mouvement a été mis en rapport avec la fameuse *Ere du Verseau* qui selon l'astrologie moderne aurait été anticipée par la découverte d'Uranus au moment de la révolution française. Or Uranus est mis en relation avec tout ce qui relève en particulier de l'électricité et une forme de galvanothérapie et l'*ionocinèse contrôlée,* joue un rôle important dans l'histoire du silicium.

Enfin et c'est surtout là où je veux en venir, si les Tesla, Lakovsky et autres savants actifs au début du siècle dernier qui influencèrent l'évolution récente de la science sont bien en rapport avec la mythologie uranienne, le climat évoqué explique que progressivement Norbert Duffaut soit devenu, en tant que scientifique, de moins en moins rigoureux comme on le verra avec l'analyse du brevet déposé en 1991 en relation avec le traitement du Sida.

Cette perte de rigueur m'a été confirmée par Jacques Dunoguès, qui m'a déclaré n'avoir participé à la rédaction de certains brevets que pour en assurer la cohérence au plan scientifique.

Bien différent est le profil de LLR qui, dès son plus jeune âge, a tendu à *se donner perpétuellement en spectacle*. Il cite quelque part ses dessins d'enfant et son besoin d'imprimer la marque "Le Ribault" sur tout domine. Il y est question en particulier d'un "hôtel Le Ribault".

Voir http://www.loic-le-ribault.ch/biollr_enfance.php

Enfin si le silicium organique n'a pas rapporté grand-chose à Duffaut[15], l'invention de la *Vaginette* (un instrument de musique) et celle du *Panzizitisme* semblent avoir beaucoup marqué le milieu estudiantin et très carabin qui fut celui de sa jeunesse[16]…

C'est le Dr Janet qui a donné la meilleure description de son ami :

Comment décrire un personnage aussi original ? Ila le physique d'un savant de bande dessinée : grand front bombé, nez retroussé, petites lunettes, cheveux rares. L'air un peu distrait ; comme il se doit. Célibataire, il a peu changé ses habitudes d'étudiant et conserve une grande jeunesse de caractère. Gai, volubile, orateur véloce, il sait animer les soirées, dans les congrès les plus sérieux, par ses bons mots, ses monologues comiques en français ou en latin, ses tours de prestidigitation. Sa faconde méridionale lui donne toujours l'air de plaisanter. Dissimulant sa pensée sous une avalanche de paroles, il laisse souvent son interlocuteur complètement ébahi se demander ce qui est sérieux dans tout ce qu'il vient d'entendre.

C'est précisément cela qui lui a joué des tours et il en est mort…

1927 – Naissance à Calais du futur Dr Jacques Janet

Le Dr Janet apparaît au travers du livre de sa fille comme un homme épris d'exotisme. Il aurait commencé sa carrière à Tahiti et apprécié particulièrement le charme des vahinés. Ce trait nous annonce un homme assez léger. De fait, si on lui doit beaucoup pour les succès thérapeutiques du silicium ou le développement de l'*ionocinèse,* son rôle dans ce dernier cas n'est pas exempt de critiques. On verra que Jacques Breton qui lui a fourni son premier appareil a dénoncé à demi-mot un détournement de technologie.

À noter que Janet n'était pas très fixé sur le sens dans lequel il convenait d'appliquer le courant régulé. On peut voir sur la photo des appareils qu'il a utilisé qu'il avait exigé de son ingénieur un bouton d'inversion.

1943 – Le Dr Abel Charnot s'intéresse au silicium

Le Dr Abel Charnot (1897-1970), membre correspondant de l'Académie de Médecine et de l'Académie de Pharmacie publie, cette année là un ouvrage de 800 pages sur *La toxicologie au Maroc.*

Dans sa page sur Gabriel Pérès, Wikipedia donne les précisions suivantes :

Abel Charnot s'était intéressé aux troubles du métabolisme calcique présentés par les sujets vivant dans les zones où se trouvent les gisements de phosphate. Généralisant ses observations sur les changements affectant le silicium du sang et des tissus dans divers états pathologiques, il s'était trouvé conduit à instituer des traitements à base de silicium organique, seul ou associé au potassium, en vue de régulariser le métabolisme calcique. Gabriel Pérès, qui avait effectué des recherches expérimentales sur la calcémie et dont la seconde thèse de doctorat ès sciences avait précisément porté sur la régulation de la calcémie chez les mammifères, ne pouvait qu'être intéressé par ce sujet ; il n'hésita pas à encourager Yolande Charnot dans la poursuite de cette recherche, qui donna lieu à de nombreuses publications sous leur signature, et leur valut l'honneur de participer à un Symposium Nobel sur le silicium tenu en 1977 à Stockholm, à un moment où peu de chercheurs, en France, mesuraient l'intérêt de telles recherches.

Le Dr Charnot

La copie de la correspondance émanant de Yolande Charnot en ma possession ne donne pas d'autres précisions mis à part le fait que l'article le plus récent qu'elle aurait signé avec Pérès daterait de 1991. Je ne dispose d'aucune indication sur les caractéristiques du silicium utilisé par son père mais il est bon de faire figurer ici en bonne place le portrait totalement inédit d'un savant toxicologue qui s'avère être un précurseur de Norbert Duffaut.

1947- 18 avril - Naissance à Vannes de LLR

Il naît donc sous le signe réputé très impulsif du Bélier et sous celui, chinois, très auspicieux du Sanglier de Feu.

Notons que le Sanglier est présumé aimer la vie de famille mais elle peut se réduire à un fort attachement à la mère et à un papa qui sert à son fils le petit déjeuner passé la quarantaine... Ainsi, LLR fut un "sanglier" fort atypique puisqu'il a proclamé à différentes reprises que le mariage est bien *la seule connerie qu'il n'ait point faite* !

LLR a prétendu descendre d'un *Jean Ribault (1520-1565), un capitaine huguenot envoyé par l'Amiral de Coligny pour tenter de fonder une colonie protestante en Floride.* Notons que le *mécréant pur soufre* se devait d'avoir un ancêtre hérétique prestigieux quoique personne n'en ait entendu parler…

D'après Jourdan et Duby les parents de Loïc auraient été *professeurs, puis surveillants généraux*. Une curieuse rétrogradation qui aurait du susciter un doute… Le fait est qu'il a présenté sa mère comme professeur de français alors qu'elle n'aurait été que pion.

Pour le reste, le jeune Loïc préférait les animaux aux *footeux* (sic) mais c'est son frère Yann qui a fait le bon choix en devenant vétérinaire. Ils se sont brouillés, on ne sait pourquoi.

LLR se définit lui-même comme un gosse insupportable. *On me démontrait que j'avais tort mais il fallait que je tienne tête*… Enfin notre cher Loïc paraît avoir mal supporté de devoir céder, une seule fois, le prix d'excellence, auquel il aurait été abonné, et ce au fils d'un couple de notables. Cela l'a tué et ce jour là son petit monde s'est écroulé lorsqu'il a constaté que papa et maman n'étaient pas tout puissants !

1949 – Le Dr Janet rencontre le Dr Morisot

L'*ionocinèse contrôlée* n'existait pas encore mais le Dr Morisot obtenait des succès remarquables dans des cas de cataracte. La grand-mère du Dr Janet a eu sa vue sauvée par ce pionnier. En reconnaissance, le Dr Janet a pris Mme Morizot comme assistante et il a hérité de la bibliothèque des ouvrages scientifiques du mari décédé.

1952 – Louis-Claude Vincent commence à parler de bioélectronique

Cet inventeur a fréquenté la maison Janet et Duffaut l'a côtoyé. Il faut remarquer qu'en marge de ses travaux scientifique Vincent a consacré un livre au continent disparu appelé *Mu*. Il ne faut peut-être pas chercher ailleurs le fait que la *bioélectronique* n'ait jamais connu le succès qu'elle aurait mérité. Le fait est qu'elle doit beaucoup à la rigueur d'une pharmacienne, Jeanne Rousseau.

Néanmoins, Louis-Claude Vincent est assuré de survivre dans la mémoire des hommes, le potentiel Redox étant pris très au sérieux par les aquariophiles qui sont plus conséquents à cet égard que les marchands d'eau minérale. Ne parlons pas des marchands de silicium : à ma connaissance, seulement deux d'entr'eux fournissent les données bioélectroniques de leur produit…

1954 – La mégalomanie de LLR pointe son nez

Les tendances exhibitionnistes de LLR l'on poussé à dénoncer ouvertement sa mégalomanie dans le but de la nier. Je cite :

Surtout, des indices certains de mégalomanie précoce apparaissent sur "mon" buvard (représentant l'inventeur de la pénicilline). *A moins qu'il ne s'agisse de prémonition ?*

Car, écrites au crayon noir, on distingue nettement les annotations suivantes : "Université Le Ri(bault)" (rien que ça !), "éprouvet(te) Le Riba(ult)", "Hôtel (Le Rib)ault" (en fait, l'illustration montre un hôpital), et une publicité incongrue pour les "biscuit(s) (Le Ri)bault" placardée dans un amphithéâtre de l'Académie de médecine.

En 1954, tout ceci ne prêtait guère à conséquence.

Mais aujourd'hui c'est la preuve incontestable, écrite de ma main (une simple expertise graphologique pourrait le confirmer), que, dès cette époque, je faisais de la publicité illégale pour un médicament non muni d'A.M.M.

Car sur l'image illustrant la fabrication à la chaîne des bouteilles de pénicilline, on lit distinctement l'inscription suivante : "Médicaments Le Rib(ault)". Autrement dit, j'avais prémédité l'infamie et mûri pendant quarante-deux ans le projet qui allait me conduire en prison en 1996 et 2003, et me jeter sur les chemins de l'exil huit ans durant

C'est grave. C'est très grave.

A moins qu'il n'y ait prescription ? Et puis, j'étais mineur au moment des faits…

Voir : http://www.loic-le-ribault.ch/biollr_enfance.php

À la fin de sa vie, LLR a vécu au *Grand Hôtel Barrière* de Dinan et il aurait signé un compromis de vente pour l'achat d'un château classé tandis qu'en 1995, il se présentera, à Biganos, comme une sorte de *Robin des Bois* de la médecine…

1955 – janvier – Norbert Duffaut postule pour l'obtention du Prix Raymond Berr

M. Calas était arrivé en 1948 au laboratoire de Bordeaux. Duffaut avait travaillé sur la synthèse des acides gras silicés.

1956 – Duffaut obtient le prix avec 85 % des suffrages

Le “DNR” ayant été synthétisé en 1957 on ne sait pas exactement sur quelle base le prix a été obtenu. Duffaut, dans son manuscrit, est très flou, il ne donne que rarement des dates et dans le cas présent, on suppose que le prix est en rapport avec les acides gras silicés bien qu'ils n'aient pas été susceptibles de déboucher sur des applications rémunératrices.

Duffaut, qui avait beaucoup d'humour, a surtout retenu que le prix lui a coûté plus cher en rafraîchissements et gueuletons fins, qu'il ne lui a rapporté…

Ce Norbert semble avoir possédé une nette tendance à se faire pigeonner, c'est ainsi qu'il nous apprend, par ailleurs, qu'il n'a pas tiré grand-chose de son labeur. Je le cite : *Je dois préciser que par un jeu subtil de vente globale de brevets en cascade, je ne suis intéressé en aucune manière au nombre de flacons de D.N.R. vendus. En quelques mois, on arriva à quatre cent mille flacons vendus mensuellement.* Sans même parler des bénéfices fabuleux que l'industrie des cosmétiques devait tirer du brevet de 1959.

Mais on verra à l'occasion que Duffaut ne donnait pas une image très respectable. Mme Janet m'a déclaré au téléphone qu'il ne sortait jamais sans se munir de plusieurs bidons de “DNR” qu'il distribuait gracieusement. Ce remède ne lui coûtait rien, la matière première lui étant fournie par Pierre Brison qui travaillait chez Rhône- Poulenc. Il lui en fallait à peine plus de 1 ml pour faire un litre de “DNR”.

1956 – Ouverture du cabinet du Dr Janet

Avant d'ouvrir son cabinet bordelais en tant que gastro-entérologue, Janet a exercé à Tahiti pendant deux ans. Il avait été séduit par la spontanéité des Tahitiens mais n'a pu s'insérer en tant que médecin pour des raisons non précisées. Peut-être n'y avait-il que peu de malades à soigner… Six ans plus tard, Duffaut fera la connaissance de l'île de rêve et tombera sous son charme à son tour… Pour l'heure le Dr Janet, aidé par un certain Guitton met au point des sondes pour l'électrothérapie des cavités de l'organisme (rectum, vagin etc…)

1956 – Apparition du “Dissolvurol”

Ce médicament, destiné à soigner les affections rhumatismales inflammatoires, est un grand classique à base de silice colloïdale (acide orthosilicique ou $Si\ (OH)_4$.

À noter que du fait de l'interdiction du *monométhyl silane triol* (CH_3 Si $(OH)_3$)en tant que complément alimentaire, certains producteurs ont opté (ou opteront) pour l'acide orthosilicique stabilisé par de la choline tandis que d'autres ont jeté leur dévolu sur un silicium d'origine végétale comme le *Sileo* produit dans la région niçoise.

1957 Mise au point par Norbert Duffaut du méthylsilanetriol

La datation provient de LLR dans la préface du manuscrit Duffaut. Je cite ce dernier :

Le premier étonnement des spécialistes de la chimie organosiliciée fut de constater que j'avais pu solubiliser un tel dérivé dans l'eau.

Lorsque je parle d'étonnement, le mot n'est pas exact. Lorsque j'emploie le verbe "constater", il est également inadapté. Les spécialistes en question, plus forts en sciences livresques qu'en sciences expérimentales, avaient appris dans des manuels que CH_3-Si $(OH)_3$ (produit de l'hydrolyse du méthyltrichlorosilane) n'avait jamais été isolé et donnait spontanément une résine tridimensionnelle insoluble dans tous les solvants connus, et servait à recouvrir les cheminées d'usines comme agent protecteur et les poêles à frire pour éviter l'adhérence des crêpes au métal.

Voir l'article intitulé *Le silicium organique* de Jacques Dunoguès paru dans le n° 199 de *La Recherche* (mai 1988). Je cite ce dernier : *L'essentiel du procédé appelé synthèse directe consiste à faire agir du chlorure de méthyle à chaud sur du silicium, en présence de catalyseurs et notamment de dérivés du cuivre. Le silicium nécessaire à cette réaction est, quant à lui, obtenu par réduction de la silice par du carbone au four électrique. La réaction du chlorure de méthyle sur le silicium conduit à l'obtention d'un mélange de composés constitué de méthylchlorosilane. Ces molécules sont ainsi nommées car elles comprennent un atome de silicium sur lequel sont fixés entre un et trois atomes de chlore.*

L'étape suivante est une distillation assez délicate, dans des colonnes assez hautes, qui permet de séparer les différents composés ; l'un d'eux, le *diméthyldichlorosilane* étant le précurseur des silicones utilisés pour différentes prothèses utilisées en chirurgie[17] et un autre aboutissant à la fabrication du *méthylsiliconate* qui nous intéresse présentement.

On verra en 1959 avec le premier brevet que le procédé de solubilisation est simple. En fait le composé de départ est à un pH élevé de 13-14 car il contient également de l'*hydroxyde de potassium* (potasse caustique) et il suffit de le diluer dans une eau préalablement acidifiée par un acide faible.

1957 – 10 décembre – Expérimentation du DNR sur un cancer du sein métastasé

Dans son texte, Duffaut nous apprend que les 6 nodules de la patiente ayant servi de cobaye ont disparu suivis de 2 autres résultats positifs mais ces succès ne changeront pas les habitudes des services hospitaliers spécialisés.

1957 – Débuts de l'ionocinèse contrôlée selon Janet

Le Dr Janet a fait contrefaire le *Cytotron* conçu par le professeur Jacques Breton par un certain Cadel, l'invention de cette nouvelle forme d'électrothérapie a été antidatée par une allusion à la thèse de Berthelot.

1957 – Thèse de Berthelot sur l'électrothérapie appliquée à l'appareil digestif

Je n'ai pas pu consulter ce travail. Il s'agirait de vérifier s'il porte bien sur l'utilisation d'un courant *régulé* en intensité. C'est peu probable, néanmoins Janet à présenté le contenu de cette thèse comme ayant relaté les premiers résultats de l'*ionocinèse contrôlée*, or cette dernière n'a existé qu'à partir de 1960.

1958 – Le Dr Janet devient cancérologue

Heureuse époque que celle où n'importe quel médecin pouvait s'occuper de cancer. Le Dr Janet administre la *colchicine* qui est un antimitotique par *ionocinèse*. Il se spécialisera ensuite dans la méthode des solutés de Vernes.

1959 – Premier dépôt de brevet de Norbert Duffaut (FR 1 234 213)

Il a été déposé par Gueyne Charles, Henri, Jean et Mme Duffaut, née Paumont Marie, Irène et s'intitule *Procédé de fabrication de complexes organo-siliciques. Complexes obtenus et leurs applications.*

Pour tous les brevets déposés par N. Duffaut, c'est sa mère née Paumont qui a servi de prête-nom. Son fils ne voulant pas avoir d'ennuis avec l'Université de Bordeaux. Jean Gueyne qui apparaîtra lors d'autres dépôts était à l'époque le directeur de la société monégasque *Exsymol*, demeurée la grande pourvoyeuse de silicium organique sous diverses formes. *Sedifa*, sa filiale qui occupe la même adresse, diffuse encore le *Conjonctyl.*

Examen du brevet

Ce brevet porte sur les moyens d'abaisser le pH des différents siliconates alcalins sans provoquer leur in solubilisation dans l'eau. En effet les siliconates et les silanols, en raison de leur pH très élevé, sont des produits caustiques et donc impropres à tout usage thérapeutique et ils sont susceptibles de polymériser à des pH inférieurs à 13.

Le brevet décrit différents procédés caractérisés par l'emploi de résine échangeuses d'ions et de différents acides faibles (ascorbique, salicylique, glutamique etc…). Les exemples 8 et 9 décrivent des solutions que l'on retrouvera dans 3 brevets ultérieurs de *compositions thérapeutiques*, 2 étant de LLR (1985) et le dernier (1991) de Duffaut.

D'ores et déjà, on peut constater que les 2 brevets déposés en 1985 par Le Ribault sont des plagiats car le brevet de 1959 avait anticipé (page 5) ces compositions particulières définies ultérieurement. Des plagiats, à moins de considérer que l'ajout d'une substance plus ou moins homéopathique au composé organo-silicé ne constitue une innovation... Mais dans ce cas on pourrait déposer des milliers de brevets, ce qui ne servirait strictement à rien en l'absence d'expérimentations contre placebo.

Enfin parmi les applications industrielles, le brevet envisageait l'imperméabilisation de divers textiles.

Le procédé d'acidification du *méthylsiliconate de potassium* est d'une simplicité enfantine. À noter que s'il est réalisé avec de l'acide ascorbique, la solution jaunit très rapidement en 2 semaines à 1 mois selon la quantité de lumière reçue, ce que j'ai moi-même constaté. L'acide citrique est préférable. Cependant la plupart des fournisseurs ont recours à l'acide phosphorique qui semble un meilleur stabilisant en raison de son pouvoir tampon qui est supérieur.

1959 – Duffaut confie sa découverte au Dr Janet

Le soleil ne s'était pas couché que ce médecin avait effectué sa première séance d'ionocinèse avec le "DN1". Dans le même temps, Duffaut avait modifié son produit. Pour éviter qu'il ne jaunisse à la lumière du jour il avait remplacé l'*acide ascorbique* par de l'*acide salicylique*. Le produit devient le "DNR"[18] tandis que les expériences de 1957 se poursuivant dans le service hospitalier bordelais.

1959 – Le Dr Janet entre en contact avec le Dr Vernes

Il apparaît de plus en que le silicium n'aura été dans les mains de Janet qu'un élément parmi d'autres de son succès. Nous voyons ici qu'i a eu la chance de connaître et d'appliquer la *cancérométrie de Vernes* ce qu nous a valu un livre qui en perpétue le souvenir. Hélas, cette méthode ne semble plus guère être pratiquée.

1960 Second brevet Duffaut (FR 1069M)

Déposants : Gueyne Charles, Henri, Jean et Mme Duffaut, née Paumont Marie, Irène - *Complexe organo-siliciques.*

Je n'ai trouvé aucune trace de ce brevet qui est pourtant cité dans une bibliographie. Il pourrait s'agir d'un ajout au brevet précédant.

1960 – Duffaut et le Dr Janet expérimentent le DNR sur les virus et les cancers

Les étapes importantes de cette expérimentation sont 196 (myxomatose avec pénicilline G), 1965 (maladie de Carré), 197 (hépatites à virus), 1979 (entérocolites hémorragiques du chien), 199 (composition thérapeutique pour le Sida).

Les cancers les plus réceptifs seraient les cancers des poumons Effectivement le "G5" espagnol ne semble pas avoir fait merveille dans le cas de *cancers de la langue.* Voir les circonstances du décès de LLR...

1960 – Débuts réels de l'ionocinèse contrôlée

Le professeur Jacques Breton, dans un texte intitulé *Deux naïf romantiques et confiants, DNR et Cytotron*, revendique une antériorité manifeste quant à la création d'un appareil d'ionocinèse contrôlée qui se serait appelé *Cytotron*. Il aurait livré le premier appareil à Janet au printemps 1960.

Nulle part Janet ne mentionne Breton qui dit avoir gardé la facture et le talon des chèques correspondant aux appareils fournis à Janet et à Rager. Dans *Objectif Cancer* p. 9, Janet écrit *sur ma demande, un électronicien, Monsieur Cadel, réalisa le premier "Ionomat". C'était un volumineux appareil à lampes* [...].

Cette réalisation n'est datée qu'indirectement par la mention quelques alinéas plus loin, de la thèse du Docteur Berthelot qui est présentée comme ayant été basée sur les résultats obtenus avec l'appareil de Cadel. Un appareil dont la photo est datée de 1960, soit précisément 'année de livraison du *Cytotron*. L'*Ionomat* en version miniaturisée datant le 1980.

Janet situe la découverte par Rager de l'appareil d'*ionocinèse contrôlée* à son cabinet en 1960, alors que son collègue serait venu pour un examen radiologique assez long (p. 22 de l'ouvrage cité). Si la date de 1960 est correcte, Rager a connu l'*ionocinèse contrôlée* dans de toutes autres circonstances.

La version donnée par Rager en 1986 est bien différente :

Finalement, nous devions faire la connaissance, par l'intermédiaire du Docteur Janet, d'un physicien, Jacques Breton, qui intéressé par le problème devait s'employer à la mise au point du prototype que je désirais.

Ce qui fut fait en 1960 et l'appareil fut pompeusement baptisé Cytotron. A peu de temps de là, un deuxième appareil réalisé par Cadel, devait voir le jour, l'Ionomat, puis l'Angioflux de Comti-Labo.

La vérité sur l'invention de l'ionocinèse contrôlée

Ni Janet ni Rager n'ont dit toute la vérité !

Celle-ci nous la devons à Duffaut d'une part et à Jacques Breton d'autre part.

Rager a menti sur un point, ce n'est pas lui qui voulait un appareil à courant *régulé* mais Janet et ce dernier s'en est ouvert à Duffaut qui a trouvé l'homme de l'art, à savoir son collègue professeur, Jacques Breton. Ce n'est qu'ensuite que Rager s'est intéressé à l'appareil. Il s'est du reste associé à Breton pour sa production mais l'association a du foirer pour une raison que j'ignore.

Le lecteur est à même de tirer ses propres conclusions.

Concernant Jacques Breton, je dois à la vérité de dire que si l'intéressé m'a communiqué un fac-similé du bulletin de dépôt du brevet, cette copie porte la mention d'une *demande d'ajournement de la délivrance*. Je n'ai donc pas la preuve formelle que les annuités aient été réglées et le brevet effectivement délivré.

Même chose en ce qui concerne un brevet américain de 1983, en revanche le brevet suisse déposé en 1982 a fait l'objet d'une délivrance effective. Il serait donc valide.

Concernant le brevet français initial, j'avais été surpris de n'en trouver aucune trace auprès de l'INPI de sorte que je n'en connais pas le contenu.

Ma thèse est que l'inventeur n'a pas du soutenir son dépôt et pourrait s'être découragé de payer les annuités et les frais de recherche à la suite de la brouille avec Janet et Rager que l'on devine sans pouvoir en préciser le véritable motif[19].

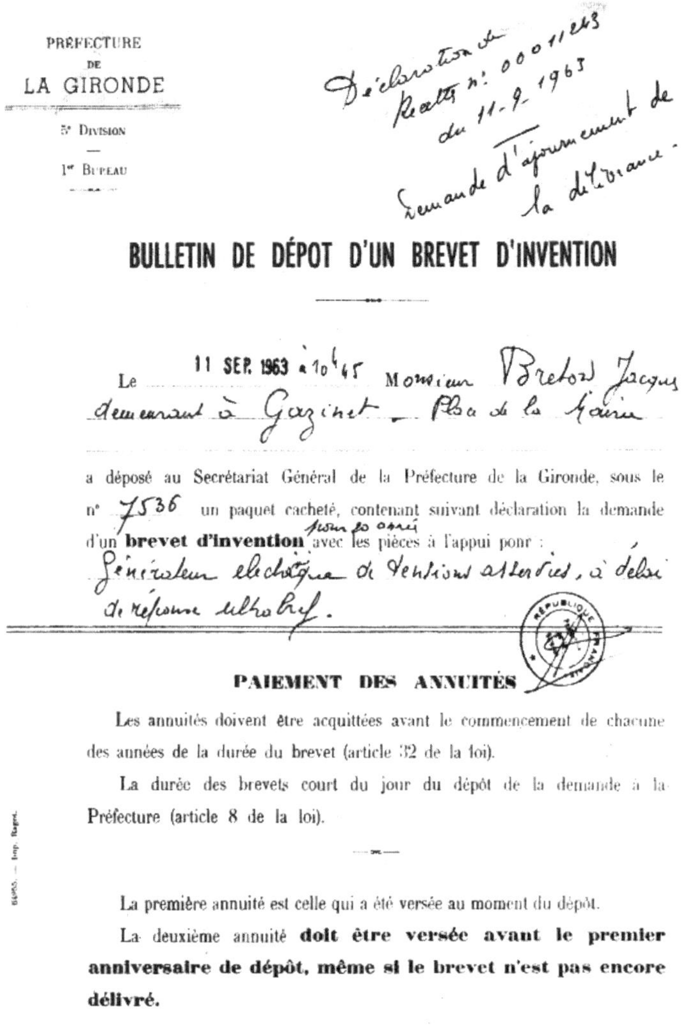

PRÉFECTURE
DE
LA GIRONDE

5e DIVISION

1er BUREAU

Déclaration de Recette n°: 00011243 du 11-9-1963
Demande d'ajournement de la délivrance.

BULLETIN DE DÉPOT D'UN BREVET D'INVENTION

Le 11 SEP. 1963 à 10h45 Monsieur Breton Jacques demeurant à Gazinet – Place de la Mairie

a déposé au Secrétariat Général de la Préfecture de la Gironde, sous le n° 7536 un paquet cacheté, contenant suivant déclaration la demande d'un **brevet d'invention** pour 20 années avec les pièces à l'appui pour : Générateur électrique de tensions asservies, à délai de réponse ultra bref.

PAIEMENT DES ANNUITÉS

Les annuités doivent être acquittées avant le commencement de chacune des années de la durée du brevet (article 32 de la loi).

La durée des brevets court du jour du dépôt de la demande à la Préfecture (article 8 de la loi).

La première annuité est celle qui a été versée au moment du dépôt.

La deuxième annuité **doit être versée avant le premier anniversaire de dépôt, même si le brevet n'est pas encore délivré.**

Ce document tend à nous convaincre que Jacques Breton n'a pas soutenu ses premiers brevets laissant ainsi le champ libre au détournement de technologie opéré par le Dr Janet

Si comme je le suppose, le brevet initial n'a pas été soutenu, le Dr Janet n'aurait guère commis qu'une simple *faute morale* si même il est clair qu'il a du faire copier le *Cytotron* par le dénommé Cadel. La contrefaçon, quoique effective sous un certain rapport, ne pouvait être poursuivie en justice[20].

Apparaîtra en 1975, un certain Déplanche, donné comme professeur à l'École Nationale Supérieure des Arts et Métiers. Auteur d'ouvrages pédagogiques sur l'électrotechnique, il était venu au cabinet de Janet pour accompagner un parent, il proposa de faire un appareil afin que les séances puissent être faites au domicile du patient. Ce Déplanches fit une communication à la *Société des Sciences Physiques et Naturelles de Bordeaux* en 1975. Raison pour laquelle je présume que L'*Ionomat* de 1980 a été conçu non par Cadel mais par Déplanche qui a pris sa suite.

A noter : un *Ionomat* existe toujours et il s'agit d'un appareil pour traiter par ionophorèse la transpiration. Voir http://www.ionomat.com. Cette marque déposée en 2001 appartient à un certain Guillaume Michel. L'appareil de Cadel n'ayant pas du faire l'objet d'un dépôt de marque du fait d'une situation tendue entre les contrefacteurs et l'inventeur, le premier *Ionomat* ayant disparu, la dénomination aura été reprise par un tiers.

Resterait à apprécier la valeur des brevets de Jacques Breton des années quatre-vingt eu égard à l'existence de nombreuses alimentations stabilisées de laboratoire qui sont effectivement capables, lorsqu'on affiche une intensité de la maintenir dans certaines limites quelque soit les variations de résistance de la charge et en l'occurrence de la peau et du corps du patient.

Parenthèse sur une arnaque récente

Il se trouve que j'aurai à revenir en détail sur la critique des appareils vendus par *Bionat*. Je compte bien publier sur le web un article détaillé sur le plan technique portant sur les abus auquels a donné lieu l'*ionocinèse contrôlée*. Il se trouve en effet qu'un escroc a revendu très cher pendant plusieurs années une alimentation stabilisée provenant des établissements *Distrame* à Troyes qu'il a bridée et revêtue d'une nouvelle sérigraphie aux armes d'une société domiciliée dans le Gers[21].

1960 – Entrée en scène du Dr Rager, un cardiologue

De Roland Rager, Jacques Breton nous donne le portrait suivant : *personnage peu ordinaire, fortement égocentrique et très sûr de lui, détesté par nombre de ses confrères bordelais asservis à l'orthodoxie locale, à la fois cordial, caustique et bourru, esprit curieux, cultivé et très ouvert à des thérapeutiques alternatives, doté d'un sens diagnostic exceptionnel, Rager est le type même du personnage près à entrer dans le monde de Norbert pour le meilleur et parfois le pire.*

Breton précise encore qu'il a gardé la facture et le talon du chèque correspondant à l'appareil d'*ionocinèse* fourni à ce praticien…

1961 – Duffaut propose son "DNR" au service de cardiologie bordelais

Ce fut un échec. Le produit n'a pu être expérimenté à cause de l'hostilité d'un agrégé devenu grand patron. Voir le mémoire de Duffaut page 28-30. C'est finalement du côté des cardiologues que les plus vives résistances au silicium auront été observées.

Essai sur le cholestérol et l'hypertension

Les essais sur ces deux pathologies ne sont pas datés mais ils s'inscrivent manifestement dans les années soixante. Voir le mémoire de Duffaut p. 31 et 32. Le "DNR" étant cette fois associé à du *chlorure de magnésium,* il fit merveille en compresses sur les poignets et les coudes et sauva un ecclésiastique bordelais, dont la tension montait à 27, d'une mort certaine. On apprend qu'un ami du défunt père de Duffaut avait bricolé un appareil d'ionocinèse avec des piles de poche.

Les effets sur l'hypertension étaient si spectaculaires que les médecins décrétaient leur appareil de prise de tension *hors d'usage.* Le "DNR" aurait déréglé et même terrassé quantité de tensiomètres bordelais. Un massacre ! L'histoire ne dit pas si les toubibs ont été jusqu'à remplacer les appareils supposés défaillants.

Un détail important concernant le taux de cholestérol total figure page 37, je cite :

Beaucoup de ces personnes observaient, au bout de plusieurs années, des troubles certains et les médecins consultés diagnostiquaient une cirrhose du foie. L'une des analyses pratiquées sur ces malades est la teneur en cholestérol. Les malades que je côtoyais avaient en général 0,8 grammes de cholestérol (la teneur normale est de 2 grammes par litre environ).

Lorsqu'elles mettaient du D.N.R. en compresse sur le foie huit à douze heures par jour, ils observaient en général, au bout d'un à deux mois que la teneur en cholestérol de leur sang était entre 1,6 et 1,8 gramme au litre. Ceux qui étaient guéris étaient en général reconnaissants.

Une chute du cholestérol total en dessous de 1 g. n'est pas une bonne chose. Le "DNR" régulariserait les lipides mais je n'ai pas trouvé d'indications en faveur d'une influence positive sur le rapport entre HDL et LDL, le bon et le mauvais cholestérol.

Or on peut avoir un taux inférieur à 2 g. et un mauvais rapport !

À noter que dans le cas d'applications de compresses sur le foie pour le cholestérol le "DNR" était employé seul.

Quoiqu'il en soit le "DNR" aurait guéri des cirrhoses toujours avec des applications de compresses sur la région hépatique.

1962 – Duffaut vient à bout d'une épidémie de myxomatose

Le mélange opérant fut le "DNR" + la pénicilline G.

Un élevage de lapins de Touenne a pu être sauvé mais sans que les vétérinaires n'en tirent de conséquences.

1962 – 10 avril – Premier dépôt de brevet de Jacques Breton

Ce brevet porte le n° 7414, je n'en ai pas de copie et je dresse ici la liste des pièces figurant dans mon dossier avec leur état.

- Brevet français n° 7414 – Ni contenu, ni attestation de délivrance.
- Brevet français n° 7536 – Fac simile de dépôt daté du 11 septembre 1963 avec mention d'une *demande d'ajournement de la délivrance.*
- Demande de brevet français n° 82 06310 du 7 avril 1982 – Texte intégral avec nombreux schémas mais sans rapport de recherche ni preuve de délivrance.
- Fascicule (incomplet) d'un brevet suisse valide car délivré le 29 novembre 1985 – L'objet est manifestement identique à celui du brevet français précité.
- Brevet américain déposé le 30 mars 1983, portant sur le même objet que les deux brevets précités avec attestation de délivrance non nominative (?).
- Brevet français déposé le 29 août 1986 portant sur un générateur d'ions négatifs de grande puissance.
- Brevet déposé le 17 janvier 1992 pour un même générateur mais destiné à des milieux habités critiques.

Observation : Les dépôts des brevets initiaux s'avèrent donc assez franchement problématiques quant à leur validité et je rappelle que jusqu'à preuve du contraire on ne saurait reprocher à Janet qu'une *faute morale* attendu que la *contrefaçon au sens juridique* demande encore à être prouvée.

1962 – 22 novembre : Rager et Breton fondent une association en participation

L'association enregistrée à la Préfecture sous le n° 78-234-266/ concerne l'exploitation du premier brevet de Breton concernant son appareil à courant régulé.

Un industriel est associé à l'affaire qui apporte l'infrastructure et le financement de démarrage. Cependant l'on n'a aucune indication sur le succès et la viabilité de l'entreprise ainsi que le nombre d'appareils produits.

1963 – Breton dépose une nouvelle demande de brevet

11 septembre : elle concerne les perfectionnements de l'appareil conçu l'année précédente. La presse rendant compte du travail présenté à Turin par nos deux bordelais, elle en informe le public et ce sera l'occasion d'un premier conflit avec le Dr Rager qui reproche à Breton des *excès journalistiques* car il s'est fait taper sur les doigts par le Conseil de l'Ordre.

Breton n'a plus de nouvelles de Rager excepté quand son appareil a besoin d'entretien ou de réparations. Dans le même temps, les relations de Breton avec Duffaut s'aigrissent. Rager insiste sur les effets du seul courant régulé qu'il estime comme étant plus important que le "DNR" utilisé comme électrolyte ou ajouté à ce dernier.

De son côté, Jacques Breton a insisté sur le fait que le *monométhyl-silanetriol* serait un mauvais électrolyte. L'eau du robinet suffirait (encore faudrait-il qu'elle ne soit pas trop chlorée) mais Breton dit avoir mis au point un excellent électrolyte dont il a gardé la formule pour lui.

Duffaut est réticent à l'*ionocinèse* mais il la fait pratiquer de façon artisanale avec une simple pile électrique de 4,5 volts comme me l'a confirmé Jacques Dunoguès. L'une des proches de ce dernier ayant été guérie de sa sinusite par ce moyen.

1964 – Duffaut tente de convertir un Institut anticancéreux parisien à son "DNR"

Sans succès. Le détail figure dans le manuscrit page 24 et suivante. C'est un des méfaits d'une routine arrogante plus que d'un lobby quelconque….

Selon Jacques Dunoguès, dans les situations de ce genre, Duffaut aurait tenté d'imposer son "DNR" en déclarant aux patrons : *essayez mon*

"DNR" il ne va tout de même pas flanquer la vérole à vos patients. On comprend qu'on lui ait montré aussitôt la porte…

1964 – Thèse de pharmacie du Docteur Aumonier sur le silicium organique

Je n'ai pu la consulter.

1964 – Publication des premiers résultats du Dr Rager

Parution de *Traitement de l'insuffisance coronarienne par une nouvelle technique d'intégration électro-ionique cellulaire.* Actualités Cardiologiques Internationales 1964, XIII, 1, pp. 43-51. Cette publication sera suivie d'autres communications. J'en donne en vrac la liste :

Traitement par ionocinèse contrôlée de l'insuffisance coronarienne chronique et des arthériopathies des membres inférieurs. Agressologie (ou Angéologie ?), VIII, pp. 69-78.

L'infarctus ne tue pas, Flammarion, 1969.

Nouvelles perspectives thérapeutiques dans le traitement du mal angineux. La Clinique, 1970 – 65 – 6888, pp. 505-511.

L'infarctus,. Questions et réponses. Ed. Christian Godefroy, Nantes 1986.

1964 – Le professeur Breton ressuscite un oncle

Cet oncle ne veut pas passer par Rager. Breton, avec l'accord du médecin et du cardiologue, tente le traitement de la dernière chance qui réussit à merveille. L'oncle qui ne pouvait plus faire deux pas sans être prêt à rendre l'âme va surgir dans le cabinet de son médecin traitant en ouvrant la porte brusquement et en lui révélant qu'il vient de faire le chemin de son domicile à son cabinet à pied.

Le toubib est estomaqué et commande dans la foulée un appareil qui lui sera livré le 27 mai. Jacques breton croit pouvoir convaincre le grand patron de la cardiologie bordelaise mais au final il devra reprendre l'appareil qu'il avait proposé en démonstration tant il est vrai que des patients guéris rapportent moins que des patients dont on entretient les troubles…

1964 – Breton livre un appareil au Dr Clauzel

Cette année là, Breton installera un des ses appareils chez le Dr Clauzel de Béziers. Excepté lors des premières applications, le "DNR" ne sera plus utilisé par la suite de sorte que l'*ionocinèse* seule expliquerait les résultats obtenus qui sont incontestables au vu des dossiers très lourds des patients qui ont été sensiblement améliorés soire guéris.

Duffaut a souligné que l'usage du "DNR" seul a pu conduire à des résultats équivalents mais moyennant un délai incompatible avec le genre d'urgence auquel les cardiologues cités ont du faire face.

Cela a été l'occasion pour LLR qui a publié le texte de Breton, de rajouter en note que l'utilisation répétée de solutions très diluées de silicium organique pur l'avait convaincu de leur efficacité supérieure.

Supérieur à quoi ? La note est suspecte ! Cependant, LLR ayant fait allusion aux picotements électriques éprouvés par les cobayes de son faux "G5", il semble vouloir dire que son propre silicium (en fait identique au "DNR" de Duffaut) aurait été supérieur à l'ionocinèse mis à part le délai !

De son côté Janet a souligné la nécessité de recourir à un silicium pourvu d'un bon potentiel bioélectronique sans en préciser les limites mais il a restreint le choix à une marque belge et au *Dynasil,* ce dernier comportant du glutarate de magnésium.

Chacun a vu midi à sa porte !

1965 Troisième brevet de Norbert Duffaut (FR 5201M)

Déposants : Mme Marie, Irène Paumont, épouse Duffaut et "Société Civile de Recherche Pharmaceutique et Thérapeutique" - *Composition thérapeutique à base de monométhyltrisilanol orthohydroxybenzoate de sodium et d'acide parahydroxycinnamique.*

Je n'ai pu consulter ce brevet qui semble évoquer la formule particulière du *Conjonctyl* qui sera commercialisé en 1976.

1965 – Duffaut expérimente de "DNR" sur la maladie de Carré des chiens

Duffaut guérit en une semaine des chiens atteints de la maladie de Carré en tamponnant de "DNR" (sans ajout d'une autre substance) leur poitrail et leurs pattes.

1966 – Addition au brevet initial de Duffaut (FR 92.263)

Il s'agit d'une variante utilisant l'acide D-mannuronique comme stabilisateur en vue de la préparation de lotions, crèmes, laits, bain moussant…

1966 – Brevet spécial de médicament déposé par Norbert Duffaut (FR 6871M)

Co-déposant Jean Gueyne. Il s'agit d'un complexe répondant une formule très complexe.

1967 – Publication du Dr Rager

Traitement par ionocinèse contrôlée de l'insuffisance coronarienne chronique et des artériopathies des membres inférieurs, Agressologie, VIII, p. 69-78

Voir à 1964 pour la liste complète de ses publications.

1967 – Le Dr Rager obtient le Prix J. Levy Bricker

La récompense est obtenue après deux ans de tests sur le traitement de l'athérome expérimental chez le lapin à l'aide de *silicium organique*. Le prix est décerné par l'Académie de Médecine. Ce succès a valu à Rager un blâme du Conseil de l'Ordre des Médecins pour excès de publicité sur sa personne. L'affaire devait se solder en Conseil d'État par l'annulation du blâme.

1967 – Origine de l'invention de la fameuse "exoscopie des quartz"

Pendant ce temps, Loïc Le Ribault termine "Sciences expérimentales" au lycée Lakanal en 1967. Au cours de la cérémonie de la distribution des prix qui clôturait chaque année scolaire, il reçoit un livre passionnant, intitulé *Trente millions de siècles de vie*, rédigé par André Cailleux. Il en résultera une vocation qui conduira LLR à s'arroger, dix ans plus tard, soit en 1977, le bénéfice exclusif de l'invention d'une nouvelle science, savoir l'*exoscopie des quartz* qu'il a eu tendance à présenter comme étant entièrement sortie du néant.

Si l'on se rapporte à son autobiographie légendaire, la vocation de LLR en tant que déchiffreur de grains des sable viendrait d'un coup de foudre pour les (...) *patelles* ainsi que de l'opportunité fortuite d'un job effectué pour le compte d'une fabrique allemande d'optique de précision militaire à la recherche d'un gisement de sable siliceux d'une qualité particulière...

En réalité, LLR n'a pas fait l'impasse sur ses prédécesseurs mais il a fait en sorte de les occulter plus ou moins. Si l'on se réfère à la "définition simple" de l'*exoscopie* il n'est question que de LLR.

Voir : http://www.loic-le-ribault.ch/exo_definitionsimple.php

Il faut avoir la curiosité de se reporter à la "définition scientifique" pour comprendre que l'*exoscopie* est un apport connexe à une longue suite de travaux commençant en 1880 sur lesquels ses hagiographes ont fait l'impasse.

Pour situer l'apport de LLR dans la lignée de ses prédécesseurs voir plus spécialement : http://fr.wikipedia.org/wiki/Morphoscopie

Pour une liste complète de ses travaux consulter :

http://www.loic-le-ribault.ch/biollr_publications.php

1969 – Rager publie chez Flammarion

Le Dr Rager publie *L'infarctus ne tue pas*. À noter que l'ionothérapie n'y est pas mise en vedette, elle est évoquée rapidement et discrètement p. 103 à 107 dans des termes assez discrets.

1970 – Brevet américain de Duffaut

Je n'ai pas trouvé le brevet français correspondant. Titre : *Certain monomethyl trisilanol mannurorate complexes for traiting cellulitis.*

1970 – Nouvelle publication de Rager

Voir : *Nouvelles perspectives thérapeutiques dans le traitement du mal angineux.* La Clinique, 1970 – 65 – 6888, pp. 505-511.

Voir à 1964 pour une liste complète de ses publications.

1970 – LLR obtient à Paris une licence es Lettres

Dans le même temps, LLR est toujours dans les choux si l'on peut dire, du moins par rapport au silicium ! Cette licence lui servira beaucoup. LLR sait écrire à tel point qu'il aurait pu devenir un romancier à succès. Notez que les photos de chacun de ses diplômes sont disponibles sur un de ses sites. *Qui veut trop prouver ne prouver rien*[22] !

1970 – LLR devient chercheur en océanographie

À l'Université d'Orsay très exactement…

1971 - Nouveau brevet de Duffaut (FR 2.160.293)

Déposants : Gueyne Jean et Paumont Irène, épouse Duffaut - *Médicament contenant un composé organosilicique hydrosoluble.*

Je n'en connais pas le contenu mais il s'agit encore de variantes sur le brevet initial en forme de *composition thérapeutique.*

1971 – LLR obtient divers certificats

LLR est toujours dans les limbes. Il obtient divers certificats en océanographie, écologie et pédologie. Ajouter à cela une maîtrise de Géographie Physique.

1971 – Apparition du "Dulciphak" un collyre contre la cataracte

Ce collyre, à base d'organo silicé (monométhylsilanétriol + salicylate de sodium) destiné à traiter la cataracte (opacité du cristallin), est toujours en vente (Laboratoires Allergan). Le brevet qui vient d'être cité pourrait s'y rapporter.

Duffaut a précisé que pour que ce produit soit efficace, il faut l'utiliser sous forme de bains d'yeux de une minute deux fois par jour et non sous forme de gouttes dans les yeux. Et il préconise de mélanger 30 ml de "DNR" (*Conjonctyl*) à un flacon d'*Optrex*, d'y ajouter 1 g. de *chlorure de magnésium* et 5 grains de *Ledum Palustre* 5CH.

Dans le cas d'herpès de l'œil, d'allergies et de conjonctivites on substitue l'*hyposulfite de sodium* au chlorure. Concernant le *Ledum*, Vannier l'indique pour la cataracte et les traumatismes oculaires parmi 7 autres remèdes…

À ce propos, il me faut faire remarquer que si l'ajout au silicium conçu en tant que "molécule locomotive" d'un autre composé à dose pondérale est concevable, l'ajout d'un remède homéopathique m'apparaît comme étant assez farfelu. Le problème est que dans toutes les indications de Duffaut, il faut faire un tri, certaines paraissent bien documentées (hépatite, hypertension, cholestérol etc...) et aisément vérifiables et d'autres beaucoup moins…

Notons que le "DNR" soigne jusqu'aux *cor aux pieds* et ce n'est pas une plaisanterie car il suffirait de lui ajouter de la théobromine, ou plus simplement du café et même du *Nescafé* (non décaféiné je suppose) pour être délivré d'une engeance passablement douloureuse. La goutte n'est pas mentionnée dans l'index de Duffaut mais il doit s'agir d'un oubli.

1972 – LLR devient lauréat de la fondation de la recherche

Il nous la présente comme un coup de pouce du destin qui lui a permis de finaliser sa thèse en sédimentologie.

1972 – LLR publie 2 articles à l'Académie des Sciences

Dans deux articles publiés en 1972 à l'Académie des Sciences, il démontre que certains cristaux de quartz portent à leur surface une pellicule de silice amorphe soluble dans l'eau.

Ces articles permettront à LLR d'avancer comme datant de 1975 une guérison miraculeuse d'un psoriasis tenace.

1973 Nouveau brevet Duffaut (FR 2.230.376)

Déposants : Gueyne Jean et Duffaut Norbert - *Procédés de préparation de solutions aqueuses stables contenant des polysilanols siloxaniques, et applications des solutions obtenues.*

1973 – LLR n'est plus chercheur à Orsay

Dont acte.

1973 – LLR devient Docteur en sédimentologie

Plus considérable est ce Doctorat en sédimentologie. LLR bâtira toute sa réputation sur cette peau d'âne qui n'a rien à voir, rappelons le, avec la chimie.

1973 – LLR travaille au Laboratoire Central de la firme Total

Il a accès à un magnifique M.E.B. (microscope électronique à balayage) et y travaille pour son compte.

1975 – LLR s'invente une guérison miraculeuse de son psoriasis

Afin d'étudier plus précisément le rôle des micro-organismes dans le cycle du silicium, je mets au point en 1975 un procédé permettant de récolter les dépôts de silice dus à leur action dont on saura ultérieurement qu'ils contiennent un pourcentage important d'organo-silicés.

C'est au cours de ces expériences que je découvre fortuitement l'efficacité thérapeutiques de ces molécules.

À l'époque, en effet, je souffre depuis dix ans d'un psoriasis considéré comme incurable qui affecte mes deux mais.

Amené à extraire des sables une solution très riche en silicium organique pour l'étudier au microscope électronique, je suis obligé de malaxer celle-ci avec la main droite.

Une affirmation sujette à caution

On connaît la suite : LLR s'avise que cela ne pouvait provenir que de la manipulation de sa solution sableuse. Il répète l'opération avec sa main droite et le voilà libéré en deux jours chrono. Cet "excès de vitesse" incite à douter de sa bonne foi car Duffaut parle d'un délai d'une semaine pour les psoriasis, ce qui ne serait déjà pas si mal…

Du coup LLR procure la solution miraculeuse (du "G3" selon sa classification !), à savoir de la silice rendue assimilable par des bactéries, à des amis médecins qui vont en faire profiter leurs patients.

Cette fameuse guérison n'est qu'une fable inventée par LLR pour justifier une communauté de destin avec Duffaut qu'il va rencontrer en 1982, cependant la critique des faits énoncés ne laisse aucun doute :

LLR aurait ainsi manipulé, sans utiliser un gant parfaitement stérile, le produit à examiner au microscope. De la part d'un technicien qui a tant insisté sur la nécessité de précautions drastiques pour éviter de polluer la scène des crimes sur lesquelles il a opéré, cela revient à se foutre carrément de ses lecteurs. Mais il s'adresse, rappelons le à une clientèle de vieux rhumatisants qui aspirent à le croire sur parole.

Si les choses se sont bien passées comme l'affirme LLR, cette distribution de la solution miraculeuse faite à Bordeaux même (où était présent Norbert Duffaut) aurait du revenir aux oreilles de ce dernier bien avant 1982...

De toutes façons, il n'existe aucune preuve ni témoignage de cette activité ayant préfiguré la "bombe G5", or 20 ans plus tard, il devait encore exister, parmi les médecins concernés, des survivants capable d'attester les faits.

Duffaut, bien qu'il évoque LLR, ne parle pas du miracle de 1975 dans son manuscrit, or s'il en avait eu connaissance, il n'aurait sans doute pas manqué de le faire en page 34 de son manuscrit…

Enfin, il manque la méthode pour obliger les bactéries à faire des "heures supplémentaires" afin de produire rapidement une quantité suffisante de silicium organique.

Conslusion

Il m'est donc impossible d'ajouter foi à ce fameux miracle. En outre, s'il avait existé un moyen de booster la fabrication d'un silicium organique par une *voie naturelle* voilà bien un procédé qui aurait mérité de faire l'objet d'un dépôt de brevet. Or, il n'en existe pas la moindre trace alors que tous les brevets qui sont en ma possession ont bel et bien fait l'objet de cessions de parts plus ou moins frauduleuses.

1975 – Détermination du silicium sanguin par spectrométrie de fluorescence

La mise au point serait due à Bernard Grubis

Apparemment, le problème de la mesure de la biodisponibilité du *silicium organique* ne serait pas aussi ardue qu'on le dit…

1976 – Commercialisation du "Conjonctyl"

Apparition du *Conjonctyl,* un remède découlant des travaux de Norbert Duffaut. Il sera retiré de la vente en 1999 après 23 ans, faute pour le laboratoire d'avoir pu financer l'obtention d'une nouvelle A.M.M. En 2009, j'ai pu constater qu'il est ressorti grâce à une astuce à une date que j'ignore. Il est donné pour le traitement des rides… Compte tenu de sa présentation (des ampoules) et de son prix de revient, ce produit n'a guère d'intérêt qu'en mésothérapie.

Janet, dans *Objectif Cancer* p. 21 affirme que ce produit *purifié et débarrassé des traces de divers métaux présents dans le produit brut* se serait révélé moins efficace. Se rappeler que le "D.N.R." était fabriqué à partir d'un *méthylsiliconate de potassium* vendu comme produit hydrofuge[23]…

Janet a répété l'affirmation dans son livre sur *Le traitement des cancers par la méthode Vernes* p. 50 en ajoutant qu'*il faut absolument éviter de l'administrer* (le *silicium organique* sous quelque forme que ce soit) *à des cancéreux par la voie buccale.*

Quoiqu'il ait souligné cette remarque, Janet ne l'a pas justifiée. Cependant, j'ai oui dire qu'il aurait affirmé quelque part que de l'*acide orthosilicique* ayant été retrouvé en grande quantité dans les urines de cancéreux, cette molécule (qui est à la base du *Dissolvurol* et que l'on retrouve dans certains siliciums buvables ayant remplacé le *monométhyl silane triol*) serait un facteur cancérigène.

Personnellement, je n'en crois pas un mot car si tant est qu'il aurait été prouvé que les cancéreux excrèteraient davantage de cette forme de silicium que les gens en bonne santé, cela ne voudrait strictement rien dire. J'en ai conclu que Janet aurait répandu cette rumeur, de bonne ou de mauvaise foi peu importe, dans le but de faire vendre les marques de silicium qu'il préconisait.

Il semble en effet, que Janet ait eu quelque intérêt à promouvoir le *Dynasil* produit pas la S.a.r.l. *Mieux Vivre* domiciliée à Aubagne. Janet aurait rédigé une brochure en faveur de ce produit mais c'est à vérifier.

1976 – Essai du "DNR" sur les hépatites à virus

Des hépatites virales ont pu être terrassées en quelques jours avec le "DNR" additionné d'*hyposulfite de soude.* Mis à part l'homéopathie (*Phosphorus* et all) et la médecine ayurvédique, il n'existe pas de traitement allopathique des hépatites pour lesquelles on se borne à éviter les lipides et à prescrire du repos. Il est donc intéressant de savoir que quelques compresses de "DNR" sur le foie pourraient régulariser les transaminases en un tournemain en ne faisant de concurrence à aucun laboratoire.

L'*hyposulfite de sodium* ou de potassium aurait été conseillée par LLR à Duffaut qui précise que LLR avait remarqué son action souveraine dans les cas d'allergie aux crustacés, très fréquents chez les touristes du secteur.

La formule s'avéra opérante pour une kératite à virus dont a souffert la mère de Duffaut.

La combinaison fut étendue aux boutons d'herpès, aux aphtes et au psoriasis. Elle pourrait également s'avérer opérante dans le zona.

1977 – L'exoscopie des quartz

Publication de LLR chez Masson de *L'Exoscopie des quartz*, sur l'analyse géologique des grains de sable par microscope électronique à balayage. LLR devient ainsi une sorte de voyant extra lucide capable de raconter l'histoire d'un grain de sable.

Les exemples qu'a fournis l'auteur semblent un peu trop beaux pour être vrais. En disant cela, je pense aux précisons extraordinaires que LLR est censé avoir donné au U.S.A. lorsqu'il fut invité par le F.B.I. pour y enseigner la discipline.

C'est ainsi qu'il est censé avoir révélé l'endroit exact où avait été provisoirement inhumé un enquêteur américain par des narco-trafiquants. Voir à ce propos dans *Qui a peur* ? le chapitre sur le F.B.I. p. 67. À noter que LLR aurait une caution en la personne d'un certain John Mac Phee qui aurait témoigné dans ce sens en 1998 dans un livre intitulé *Irons in the Fire.*

À noter : l'auteur cité n'est pas un scientifique mais un journaliste et ses dires sont très postérieurs aux faits qu'il est censé avoir relatés. Une part de légende a pu s'y mêler.

L'exoscopie des quartz : son histoire véritable

J'ai déjà évoqué le fait qu'il ne s'agit que d'un perfectionnement d'une méthode existante qui remonte assez loin dans le temps et dont les progrès sont dus avant tout à l'apparition de la microscopie électronique.

Cette histoire commencée en 1880 se poursuit au début du siècle dernier avec les contributions d'un autre Cayeux (André Cailleux de Sénarpont) à propos de *morphoscopie des sables*. Puis apparaît l'*endoscopie des quartz* mise au point par le soviétique Lermakov, puis développée par Georges Deicha (C.N.R.S., Université de PARIS) et Robert Clocchiatti (C.N.R.S., Université d'Orsay).

Voici en quels termes Wikipedia raconte l'histoire :

Loïc Le Ribault découvrit son existence (celle du premier Cailleux) lorsqu'il avait vingt ans, alors qu'il terminait Sciences expérimentales au lycée Lakanal en 1967 : au cours de la cérémonie de la distribution des prix qui clôturait chaque année scolaire, il reçut un livre passionnant, intitulé "30 millions de siècles de vie", rédigé par André Cailleux.

Il ignorait, bien sûr, qu'il aurait l'immense honneur de rencontrer ce grand savant six ans plus tard.

Cailleux avait mis au point la morphoscopie dès 1935 et l'avait développée dans sa thèse en 1942. Cette méthode, toujours en usage actuellement, consiste à trier par tamisage les principales fractions granulométriques d'un sédiment, puis à classer les grains par observation à la loupe binoculaire (grandissements de 5 fois à 80 fois) pour tenter de déterminer les milieux de dépôt de ceux-ci. Ce classement tient compte de deux critères :

La forme des grains

Leur aspect de surface

Cailleux aboutit ainsi à trois catégories principales de grains : les "Non-Usés" (dits "NU"), les "Emoussés-Luisants" (dits "EL") et les "Ronds-Mats" (dits "RM").

L'*exoscopie* n'est donc pas à proprement parler une "invention" mais le développement d'une technique existante et il semble bien que LLR ait joué artificiellement sur un contraste terminologique pour accentuer une nouveauté somme toute relative. De la même manière les progrès qu'il a fait accomplir dans le domaine de la police scientifique sont, dans ce dernier cas, relatifs à un quasi néant de sorte qu'il faut rappeler qu'*au royaume des aveugles les borgnes sont forcément rois.*

1979 – Essai du "DNR" seul sur l'entérocolite hémorragique du chien

En collaboration avec le Dr vétérinaire R. Richard, Duffaut traite 220 chiens atteints d'entérocolite hémorragique, et en guérit 200.

1980 – Apparition du "G4"

Selon la classification très artificielle et "pro G5" de LLR, cela va sans dire… Le Ribault et Duffaut expérimentent le "G4", obtenu en ajoutant de l'*hyposulfite de sodium.* Rappelons que la chronologie des "Gx" est une invention à posteriori de LLR, elle ne veut strictement rien dire.

1980 – Nouveau brevet Duffaut Exymol (FR 2 484 425)

Déposants : Duffaut Norbert (Société anonyme Exysmol-MC) - *Polyoxyalkylène-siloxanes spéciaux et leurs applications.*

Le brevet concerne surtout des applications industrielles. Il comprend quelques applications thérapeutiques.

1980 – LLR devient Docteur es Sciences

Là encore cette peau d'âne ne garantit pas la moindre infaillibilité dans toutes les sciences existantes. Notamment en chimie…

1981 Nouveau brevet Duffaut (FR 2.510.407)

Déposants : Duffaut Charles Norbert et DUNOGUES Jacques Paul - *Composition à base de produits organosiliciés et de dérivés phosphoriques de l'adénosine pour le traitement de la cellulite.*

Jacques Dunoguès, ancien élève de Norbert Duffaut, a bien voulu me préciser qu'il n'a collaboré au dépôt d'un certain nombre de brevets que dans le but d'assurer à leur rédaction une certaine rigueur scientifique. Cette dernière, qui avait été entière dans les débuts de la carrière de Duffaut lorsqu'il professait encore, s'était progressivement émoussée. D'autre part, Dunoguès a ajouté qu'il considérait que certains brevets faisaient plus ou moins double emploi en se recoupant. Il les estimait inutiles et ruineux. Le fait est que la plupart des brevets ne semble pas avoir donné lieu à des applications rémunératrices, ce qui était assez aisément prévisible.

Ici encore le schéma du brevet est le même : à un composé organosilicé, on ajoute un stabilisateur. Ici il est question de l'acide adénisine-5' phosphorique couramment appelé AMP et de 2 autres variantes. Le choix de l'acide organique retenu n'est jamais expliqué.

1981 – septembre - LLR Crée le C.A.R.M.E.

C'est aussi la fin de la collaboration avec Total. Voici la grande affaire de LLR qui commence. LLR va bientôt travailler avec la gendarmerie, la magistrature et la D.S.T.. Le Ministère de l'Intérieur fera plusieurs fois visiter ce centre en le présentant quasiment comme sien. C'est du moins ce que prétends LLR et je n'ai pas vérifié.

Mais cette belle histoire allait tourner fort mal. En 1991, ce sera la chute finale…

Quoiqu'il en soit LLR revendiquera 1500 expertises criminelles traitées au bénéfice de la juridiction française, du F.B.I. et de la D.S.T.. Plusieurs fois, le Ministère de l'Intérieur français aurait fait visiter le CARME à des ministres ou hauts fonctionnaires étrangers en leur faisant croire que c'était un centre de recherches de la police française. La vérité est sans doute plus nuancée mais le fait est que le C.A.R.M.E. avait bonne presse si j'en crois mes propres souvenirs.

Il faut malgré tout se pencher sur ce que dit LLR du financement de ce laboratoire. Il nous a raconté comment il a procédé au tour de table auprès des banquiers et comment il a réuni les capitaux nécessaires au coup d'envoi de son aventure[24]. Ces pratiques, quoique légales, s'apparentent à une sorte de "cavalerie". Quand les choses commencent aussi mal, il n'est pas étonnant qu'elles finissent de même…

Je n'ai pas pu étudier les bilans du CARME mais il n'y a pas lieu de s'étonner de la fin et l'on devinera que la gestion n'en fut pas des plus rigoureuses.

1981 – LLR fait la connaissance de Luc Verardo

La date de cette rencontre décisive est donnée dans *L'Irlande un an plus tard… Le crépuscule des cloportes* paru en 2001. Il est important de noter la coïncidence avec la création du C.A.R.M.E. car tous les témoins sont unanimes à dire l'admiration de Luc Verardo pour son mentor. Une vingtaine d'année les séparent. La rupture n'interviendra qu'en 2003 soit une bonne vingtaine d'années plus tard.

Verardo aurait été *préparateur en pharmacie* mais je n'en ai aucune preuve. La seule chose sûre est qu'il a bien travaillé dans une pharmacie de La Teste au moins comme vendeur.

Les estivantes venant y quérir de quoi soigner leurs coups de soleil on ne sait trop si c'est la qualité de ses pommades ou le sourire avenant de l'intérimaire qui fit merveille…

1982 – LLR rencontre Norbert Duffaut

La rencontre a eu lieu dans le cadre d'une exposition. Rencontre fatale à certains égards puisque LLR allait finir par parasiter la mémoire et les travaux de l'infortuné chercheur. Voici en quels termes LLR a relaté cette rencontre :

J'ai rencontré Norbert Duffaut le 23 mars 1982 au cours d'une exposition scientifique organisée à la Bourse du commerce de Bordeaux.

Il tenait le stand du "Laboratoire de Chimie Organique du Silicium et de l'Etain" de l'université, et moi celui du C.A.R.M.E., le laboratoire de microanalyse que je venais de créer à La Teste, près d'Arcachon. Nos seuls visiteurs étaient ceux qui gardaient les autres stands.

Sur celui de Norbert, un mot m'avait frappé : "silicium". Sur le mien, un mot avait attiré l'attention de Norbert : **"sable".** *Car le sable, comme chacun sait, est essentiellement constitué de silicium.*

Nous avions donc un point commun. Comme nous n'avions pratiquement personne à accueillir, nous avons passé trois jours à parler ensemble. Il fallait bien tuer le temps.

1982 Brevet Duffaut, Dunogès, Le Ribault (C.A.R.M.E.)

Déposants : Duffaut Charles Norbert, Dunogès Jacques Paul et Le Ribault Loïc - *Utilisation de dérivés organiques pour l'élimination des argiles dans les roches et les environnements sédimentaires.*

Brevet FR 2.530.651.

C'est le seul brevet co-signé par LLR à avoir présenté un réel intérêt. Malheureusement il n'a débouché sur aucune application rémunératrice. Il est à présent tombé dans le domaine public depuis 2002.

1982 – Brevet de Jacques Breton sur la production de courants régulés pour l'ionocinèse (FR 2.524.996)

Voir à 1962 pour la liste complète des brevets.

1983 – LLR reçoit un prix pour la création d'Entreprise Innovante

Simple événement mondain.

1984-1991 – LLR devient expert judiciaire en microanalyse

C'est la consécration. LLR sera agréé par la Cour de Cassation en 1988.

1985 – Second Brevet de LLR

Déposants : Le Ribault Loïc et Nardou René. *Composition à usage thérapeutique comprenant des composés organo-silicés.*

Ce brevet porte sur le traitement de la mitose cellulaire et des maladies cardio vasculaires. Le Sieur Nardou est une connaissance que LLR a *tapé* en vue du financement du dépôt et des annuités. Je tiens le renseignement de l'intéressé qui m'a déclaré que très rapidement LLR aurait cessé de payer les annuités. Cela ne l'a pas empêché de vendre des parts de ce brevet. À noter que LLR semble avoir eu l'occasion de faire quelques dupes parmi les cadres du *Lyon's Club* de Bordeaux auquel il a été présenté. (Brevet EP 0 152 366 A2 du 7 février)

1985 - Troisième brevet de LLR

Déposants : LLR accompagné de Nardou René. Le titre est le suivant : *Composition à usage thérapeutique comprenant des composés organo-silicés.*

Ce brevet vise le traitement de l'asthme et des allergies. On y trouve le fameux ajout d'*hyposulfite de soude* qui a été expérimenté sur la mère de Norbert Duffaut. Brevet FR 2.591.890 du 23 décembre.

1985 – Création de l'I.C.E., firme concurrente du C.A.R.M.E. à l'aide de crédits d'État

Alors qu'aucun crédit d'État n'aurait été accordé au C.A.R.M.E, le Conseil régional d'Aquitaine et l'Université de Bordeaux auraient aidé à financer avec des fonds publics l'implantation d'une firme des États-Unis d'Amérique du Nord concurrente du CARME, l'ICE, à une trentaine de kilomètres du laboratoire de LLR.

Le fait est connu mais LLR ne semble pas l'avoir commenté ; selon ses dires c'est seulement des années plus tard soit au cours de la décennie 90 qu'il se serait aperçu que l'on voulait lui faire un enfant dans le dos.

Il ne se serait avisé d'un complot qu'avec la découverte de la contrefaçon de ses *tamponnoirs*...

Quoiqu'il en soit entre mai 1985 et novembre 1989, LLR aurait instruit gratuitement 1464 enquêteurs de la police et de la gendarmerie qui prévoyaient, à terme, de se passer des services du C.A.R.M.E.. Pour s'être vanté d'une générosité aussi suicidaire, LLR manquait de beaucoup de "jugeotte".

Finalement la période faste du C.A.R.M.E. n'aura guère duré que 5 ans environ.

1986 – Dernière publication de Rager

Parution de *L'infarctus,. Questions et réponses.* Ed. Christian Godefroy, Nantes 1986.

Voir à 1964 la liste complète de ses publications.

1986 – 31 mai – Convention de prêt entre LLR et Jacques Declercq

En échange d'un prêt à titre personnel de Jacques Declercq de 1 million de Francs LLR s'engage à céder 12.477 actions du C.A.R.M.E. à la *Société C.A.R.M.E. International de Fribourg* en cours de création, LLR devant posséder 1/3 de la nouvelle société.

LLR s'engage également à céder une participation variant de 10 à 60 % de 4 brevets dont un concernant le Silanol, cependant aucune référence n'est donnée dans l'acte sous seings privé. Le document comporte 4 pages et 11 articles. Il est parfaitement valide.

La société fribourgeoise a bien été créée, LLR a reconnu avoir empoché l'argent mais il a finalement refusé d'avoir recours à cette société et Jacques Declercq n'a jamais pu récupérer sa mise.

1986 – 21 octobre – Création effective du C.A.R.M.E. International de Fribourg

L'administrateur est Marcel Pilet. La société est domiciliée à Rosé, commune d'Avry sur Matran.

1987 – 28 mars – Convention de cession d'action de LLR envers le C.AR.M.E. de Fribourg

La convention signée de Marcel Pilet porte sur 11 927 actions et reprend les participation aux brevets déjà énoncés.

1987 – LLR est nommé Aquitain de l'année 1987

Encore un événement mondain. J'ai le souvenir que LLR était avant tout breton et il a toujours eu des mots très durs en tant que migrant, du moins quand les choses tournaient mal pour lui.

N'empêche qu'il a tenu à mentionner ce hochet dans son curriculum tandis que les "Aquitains" avaient commencé à le faire cocu avec l'I.C.E. deux ans plus tôt.

1987 – Luc Verardo roule dans un 4 x 4 Peugeot payé par Jacques Declercq

En supplément au prêt de 1 million de francs du 31 mars 1986, le 9 juin, Jacques Declercq, une citoyen belge, l'un des financiers de LLR achète un 4 x 4 Peugeot pour les besoins du C.A.R.M.E environ 100 000 FF. Ce véhicule est attribué à Luc Verardo qui ne fait pas partie de la société mais aurait été logé à l'hôtel aux frais du C.A.R.M.E.

Puis survient un épisode mystérieux, Verardo aurait trouvé que ce 4 x 4 n'était pas assez beau et le véhicule aurait brûlé près d'un aéroport et le C.A.R.M.E. aurait touché l'assurance sans rembourser Declercq. La société aurait mis le complément pour le remplacer par un *4 x 4 Mercedes.* Ce dernier a été photographié à maintes reprises[25].

1987 – Janet et Duffaut prennent une retraite bien méritée

Pour Janet ce sera une retraite dorée tandis que Duffaut s'épuise à payer les annuités de brevets improductifs qui lui sont restés sur les bras à tel point qu'il ne pourra même pas changer sa voiture qui en aurait eu bien besoin. Duffaut dispose de plus de loisirs et il rédige le texte intitulé *Les Tribulations d'un Découvreur Non Reconnu*, texte qui ne sera connu du public qu'en 2003 par l'édition qu'en a faite LLR sur un de ses sites.

1987 – Avertissement à Jacques Valade

Cette année là, Duffaut et Le Ribault avertissent, dans un document enregistré devant huissier, le ministre français de la Recherche, Jacques Valade, de l'intérêt de tester le *silicium organique* dans le traitement du sida, mais n'obtiennent aucune réponse.

1987 – Le ministère de l'Intérieur envisage de se passer du C.A.R.M.E.

C'est, d'après LLR, à cette époque que les services de police et de gendarmerie auraient envisagé de se passer des services de LLR en copiant ses méthodes et en rénovant ses propres laboratoires.

C'est aussi à la même époque que LLR aurait commencé à répondre à des demandes d'expertises de la part de familles de victimes d'affaires où l'armée française est suspectée d'avoir été à l'origine de bavures.

En fait, le torchon brûlait depuis 1985, année où l'on décidait de favoriser l'I.C.E. un concurrent américain du C.A.R.M.E. 1985, c'est aussi l'année où LLR dépose deux brevets auquel Duffaut n'a pas été associé. 1985, soit 3 ans après leur rencontre, ce qui est pour le moins curieux à tel point que je me demande si Duffaut a été informé de ces dépots.

Il est probable que sentant l'avenir du C.A.R.M.E. menacé, LLR avait déjà pensé à se constituer une poire pour la soif.

En septembre 1987, l'hebdomadaire "VSD" titre un article sur Le Ribault : *Son labo privé fait la nique à ceux de la police.* Mais si les médias ont été en général assez favorables à LLR, cela n'a jamais arrangé ses affaires.

Mais pourquoi LLR a-t-il accepté de former des gendarmes et des policiers alors qu'il pouvait prévoir qu'on allait se servir d'eux pour l'évincer ? Sans doute le besoin d'être reconnu et de s'assurer un crédit favorable de la part des fonctionnaires de la base… LLR m'a été décrit comme un émotif et un affectif fort sensible aux marques d'estime…

1988 – 8 juin – Jacques Declercq acquiert 6.238 actions du C.A.R.M.E.

Il s'agit d'une contrepartie du prêt mentionné plus haut. Malheureusement, le bénéficiaire n'en tirera rien du tout.

1988 – - LLR est nommé expert dans l'affaire Chanal

La décision datée d'octobre vient d'Elisabeth Mescart, juge d'instruction qui demande une comparaison entre le "scellé 19" concernant" la terre prélevée sur la pelle de Chanal et celle de l'endroit où le cadavre d'O'Keffe a été découvert. L'*exoscopie des quartz* aurait démontré une similitude dès décembre. Mais l'on verra plus loin que cela a été contesté. La terre en question aurait été trop commune pour qu'une expertise soit probante.

Retenons que le détail des prestations d'expertises de LLR en rapport avec l'affaire Chanal est décrit page 329 et suivantes de son livre *Qui a peur ?* à la rubrique *L'inimaginable.* Précisons que le 4 avril 1997,

LLR sera nommé *surexpert* avec mission de critiquer les rapports des experts d'état (1988 et 21 mai 1995).

Que le vedettariat qui en est découlé ait indisposé en haut lieu et qu'on en ait tenu rigueur à LLR, c'est évident. L'affaire Chanal constitue un point névralgique de notre histoire.

La promotion de LLR en qualité de *surexpert* deux ans après le lancement de la "bombe G5" qui a donné lieu à une double inculpation, ne pouvait que rendre le conflit entre LLR, la gendarmerie et le Ministère de l'Intérieur, plus aigu.

1989 - 12 avril - Brevet FR 2 645 863 – A1 de Philippe Voisin

Le contenu de ce brevet est très semblable, dans son principe, à celui du brevet initial de Duffaut (1959).

LLR s'est trouvé en conflit avec la société *Codipharm* dirigée par Catherine Voisin, fille de Philippe, diplômé de pharmacie, le déposant du brevet référencé ci-dessus. Voir :

http://www.amessi.org/Codipharm-ou-Histoire-d-une-enorme

Selon la thèse de LLR, Catherine Voisin se serait présentée en 1985 pour réaliser les tests toxicologiques du produit revendiqué par lui. Sa visiteuse aurait ainsi empoché le brevet de LLR, l'aurait recopié à la virgule près et redéposé afin de disposer d'un simple récépissé de dépôt à l'aide duquel les Voisin auraient abusé des naïfs en vendant des parts du brevet avec l'aide d'un escroc international, Claude Sokolovitch…

C'est ainsi qu'un certain René Geneste, proche de l'ancien ministre Pierre Joxe, aurait été abusé et aurait fait irruption dans le bureau de Le Ribault pour lui réclamer la bagatelle de 1 200 000 francs…

Premièrement, la rédaction du brevet des Voisin ne ressemble en rien à celle des brevets Duffaut et Le Ribault. Il ne peut donc s'agir d'une copie à la virgule près et à mon sens le brevet Voisin était antériorisé par le brevet de Duffaut de 1959.

L'affaire Geneste

En ce qui concerne l'irruption de René Geneste, il y a place pour une autre lecture. En effet, dans une lettre de Jacques Declercq, ancien actionnaire du C.A.R.M.E. datée du 27 février 2004, on lit ceci :

Il serait trop long de retracer ici les problèmes qui se sont présentés dès l'origine : certaines de mes actions vendues à M. Sagnes, d'autres données en garantie à

M. Geneste, ensuite la vente du Carme à des tiers, notamment à Messieurs Berdeu et Beraud. Tout cela, sans m'en informer.

Si donc des actions ont du être données en garantie à Geneste, c'est bien qu'il s'agissait d'un créancier de LLR et/ou du C.A.R.M.E. et non des Voisin. Manifestement, la version donnée par LLR est fausse.

Où il est question d'une vente du C.A.R.M.E.

Il importe également de souligner qu'il est question d'une vente du C.A.R.M.E., elle n'est pas datée avec précision mais l'on verra qu'un an plus tard LLR aurait été éjecté de cette structure par un autre repreneur. Poursuivons la lecture du document.

La faillite du Carme, n'est, dans mon esprit, pas due à la seule perte de la clientèle de la Justice. L'apport que j'y ai fait, la vente du département Electronique pour un million de FF. auraient du contribuer au rendement de la société. Il y a d'ailleurs eu des négociations pour des montants très élevés.

À propos du rôle de Sokolovitch

Selon au moins deux sources, hélas non attestées par des documents, Sokolovitch[26] aurait eu des intérêts dans le C.A.R.M.E. soit directement soit au travers de sa compagne et il aurait joué un rôle de conseiller financier. Quoiqu'il en soit la présence de ce personnage qui fut impliqué dans un trafic de faux dinars est bien attestée par LLR lui-même, ce qui constitue manifestement une fausse note en sa défaveur.

Conclusion au sujet de l'affaire Voisin

Pour en finir avec les Voisin, j'ai des doutes au sujet de la légende voulant que le père ait vu repousser sur son crâne nu une plaque de duvet en forme de main (sic). Il aurait eu coutume de se masser chaque soir les genoux avec du gel de silicium et de lire au lit en se soutenant la tête en mettant l'une de ses mains entre l'oreiller et son chef et c'est sa femme qui aurait constaté, à contre jour, une repousse.

J'ai essayé, par acquis de conscience, de masser le devant de mon propre crâne avec mon gel mais je n'ai rien vu venir. Peut-être qu'il manque quelque chose à mon gel maison !

1989 – Avril - LLR crée le C.A.R.M.E. Bretagne

Le C.A.R.M.E. Bretagne est créé à Plouvorn (Finistère) et équipé d'un M.E.B. tout neuf. LLR s'est porté caution personnelle des investissements pour un montant de 1 400 000 FF et lorsque l'établissement fermera ses portes 300 000 FF d'intérêts s'ajouteront au principal.

Résumons : dès 1985 et au plus tard en 1987, LLR savait son entreprise principale sur le déclin. Et l'on évoque, dès 1989, un passage du C.A.R.M.E. dans d'autres mains que celles de LLR.

Quelle drôle d'idée que de créer une sorte de "filiale" alors que la maison mère était menacée et en pleine décadence ? Était-ce bien une "filiale" ?

L'affaire Seznec

LLR qui ne doute de rien commet alors l'une des erreurs qui va sonner le glas de sa "filiale" supposée. Sans doute par provocation, il fait publier dans *France-Soir* le résultat de ses expertises de documents dans l'affaire Seznec, une affaire remontant à 70 ans en arrière.

On ne l'a donc pas missionné à cet effet. C'est, une fois de plus, de la provocation à l'état pur. Il est alors convoqué par le procureur de Morlaix qui tente de lui prouver qu'il à tort et que les expertises réalisées à l'époque sont inattaquables.

C'est alors que les affaires confiées à la succursale bretonne du C.A.R.M.E. se mettent à décliner. Force est de constater de la part de LLR, un comportement parfaitement irrationnel et même suicidaire.

La société de leasing propriétaire du matériel le mettra aux enchères et ce matériel est acquis par la D.G.G.N. pour 225 000 FF.

Il faut être d'une indécrottable naïveté pour ne pas savoir que les liquidations suite à des faillites font, dans tous les tribunaux de commerce, l'objet de trafics et de combines pas très catholiques consistant à limiter la publicité des enchères tandis que les syndics sont assez souvent de mèche avec des marchands de biens et autres "charognards".

Ce qui est curieux dans cette affaire, c'est le comportement de la Sodelem qui a du être lésée dans la mesure où elle est loin d'avoir récupéré sa mise et que d'autre part elle ne pouvait ignorer que sa caution personnelle n'était pas d'une solidité à toute épreuve… À moins que LLR n'ait eu beaucoup de biens de côté et qu'il n'ait raconté, là encore, pas mal d'histoires en se faisant plaindre… Mais quoiqu'on puisse faire, les comptes de LLR resteront toujours très opaques à moins d'aller fouiner dans les archives des deux liquidations…

1989 – 18 octobre – Un certain Louis Bihannic entre en scène…

Jacques Declercq se voit proposer le rachat des 6.238 actions du C.A.R.M.E. de La Teste pour 2 200 000 FF par un dénommé Bihannic. L'intéressé ne verra jamais la couleur du chèque. C'était une promesse en l'air !

1990 – La fin du C.A.R.M.E. ?

La déveine de LLR se précise. Du moins d'après le *curriculum* car dans son livre, on constate qu'un an plus tard il reçoit encore des demandes d'expertises de magistrats. LLR précisera, pour 1991, que *le CARME est mourant…*

Dans *Le prix d'une* (fausse) *découverte*, on lit ceci :

Le C.A.R.M.E. est condamné à mort dès 1990, à moins d'y injecter des capitaux dont je ne dispose pas pour renouveler tout le matériel et développer les nouvelles recherches que j'ai en tête. Je cède donc la présidence du laboratoire à un financier supposé appliquer ce programme de sauvetage. Mais le premier soin du nouveau Président- Directeur Général est de me flanquer à la porte puis, une semaine après sa prise de fonction, de s'enfuir à l'étranger en laissant purement et simplement mourir le laboratoire. L'agonie du C.A.R.M.E. durera un an.

Un drôle de PDG, le Sieur Jeandet !

C'est par Duby et Jourdan, deux journalistes suisses qui ont publié un ouvrage en 2005 que j'ai pu mettre un nom sur le PDG auquel LLR a fait allusion en 1998. Le Ribault aurait cédé le C.A.R.M.E. à Pascal Jeandet, *un golden boy de l'immobilier âgé de 28 ans.* Ce dernier n'aurait pas injecté l'argent promis pour renflouer le laboratoire et serait décédé en 1994 au retour d'un séjour à Ibiza.

Ibiza ça me rappelait bien quelque chose mais Jeandet ne me disait rien du tout ! J'ai donc consulté Internet et voici ce que j'ai trouvé.

Pascal Jeandet, "Bel-Ami" revu par Jean-Paul Gaultier…

La fête est superbe. Ils sont tous là, ceux du Palace et des Bains-Douches, de la Cinq et de RSCG. Les jeunes Rastignacs des médias et de la publicité, les golden boys en costume sur mesure, les conseillers ministériels en Thierry Mugler, les folles de la nuit parisienne et les sublimes mannequins de l'avenue Montaigne, les journalistes d' "Actuel" et les branchés du Café Costes.

Dans les allées du parc qui descend en terrasses sur les pentes de Vallauris, on échange bons tuyaux de Bourse et mauvais ragots. Il fait bon vivre en cette fin des années quatre-vingt. Il y a longtemps que le mitterrandisme triomphant a renoncé à changer la vie. Illuminée par le projecteur des médias, la chatoyante société de l'argent facile et de l'Audimat déploie ses ors qu'un soupçon de compassion coluchienne vient patiner.

Visage d'ange et veste déstructurée, le maître des lieux passe de groupe en groupe, charmeur et attentif. Cette nuit-là est la sienne. En quelques années de raids immobiliers, il a accumulé l'une des plus jolies fortunes de Paris.

À moins de 30 ans, un avenir de téléfilm s'ouvre devant lui. Il songe au mécénat, à la production vidéo, à la politique. Déjà les puissants de l'heure se pressent autour de lui et les solliciteurs se bousculent sous la pluie d'argent qu'il répand avec une générosité gracieuse.

Une seule faute de goût fait sourire les plus lucides. Au fond de la piscine illuminée qui borde la villa, il a fait inscrire dans la mosaïque ses initiales en grandes lettres bleues : "P.J.". Pour Pascal Jeandet. Quatre ans plus tard, dans une demeure d'Ibiza, le prince déchu de la pierre, émacié et amer, erre de salle en salle, luttant crânement contre la maladie, suivant d'un oeil distrait les démêlés de ses banques et de ses avocats, indifférent aux fracas de la faillite dont l'écho parvient assourdi sous le soleil des Baléares.

Pascal Jeandet a été ruiné en 1991 par le retournement du marché immobilier. Il a succombé en quelques mois sous une montagne de dettes. Les amis et les quémandeurs sont partis aussi vite qu'une volée de moineaux, remplacés par les syndics et les créanciers.

Toujours élégant, Jeandet n'a pas laissé échapper une plainte. Pour ses proches, il prospecte le marché espagnol à la recherche de nouvelles pépites. En fait, sa villa d'Ibiza était son seul bien hors d'atteinte des tribunaux de commerce. Mais tout cela n'a aucune importance.

Etoile filante des années quatre-vingt, Bel-Ami revu par Jean-Paul Gaultier, Jeandet a pris le meilleur et le pire de ce Paris de l'argent et de la frime. Après tout, cela fait bien une vie pour ce fils d'ouvriers de Montceau-les-Mines, sans diplôme ni relations. Il songe à un livre, qu'il voudrait comme toujours élégant et ironique. Mais ses forces l'abandonnent. La mort frappe à la porte de la villa mélancolique. Ce sera pour une autre fois…

Ce texte assez flamboyant qui honore la littérature française est du à deux journalistes du *Nouvel Observateur* paru le 9 février 1995, il s'agit de Laurent Joffrin et Francine Rivaud. Tout cela se passe de commentaire[27].

Pour en finir avec Jeandet, il faut préciser que c'est de ce dernier que LLR a reçu près de 2 millions de francs comme l'a découvert Jacques Declercq en fouillant dans des papiers laissés par Le Ribault à son domicile.

1990 – Tests sur le "G5"

Plusieurs sources reproduisant les dires de LLR font état de tests sur le prétendu "G5", *Tests officiels réalisés selon les normes américaines (37 CFR § 1, 132) par le professeur Jean Cahn, directeur de l'Institut S.I.R. International, professeur de pharmacologie et de neurobiologie à la faculté des Sciences et à la Faculté de Médecine de Pavie (Italie).*

Dans une annotation à un texte de Jacques Breton (voir plus loin), LLR a daté la mise au point du "G5" comme ayant été acquise en 1991. Mais il s'avérerait que ce "G5" aurait été testé avant sa naissance alors qu'il était encore en gestation dans la cervelle de son prétendu inventeur.

Mais il y a plus important, le professeur Jean Cahn, à la fin des années quatre-vingt, avait été requis par le holding *Abraxas* pour tester un produit Beljanski.

Sur *Abraxas* voir :

http://lucadeparis.free.fr/infosweb/beljanski2001.htm.

Si les produits Beljanski furent intéressants au même titre que le *silicium organique*, il est question ici de l'entourage assez sulfureux de ce personnage où un certain Silvestri aurait joué un rôle assez calamiteux.

1990 – LLR fonde la société "Le Ribault Expertises" et devient expert indépendant du C.A.R.M.E.

Toujours dans *Le prix d'une* (fausse) *découverte*, LLR écrit ceci :

Après mon départ (éviction) *du C.A.R.M.E., j'ouvre en 1990 un petit cabinet privé d'expertises où bientôt s'adressent nombre de journalistes, d'avocats ou de familles de victimes souhaitant connaître la vérité au sujet d'affaires dans lesquelles l'État (armée, police et/ou gendarmerie) est impliquée ou soupçonnée.*

L'apparition d'une société indépendante du C.A.R.M.E. semble bien confirmer la vente évoquée dès 1989. Y a-t-il eu réellement éviction de LLR du C.A.R.M.E. ?

Et dans ce cas sur quel M.E.B. et à l'aide de quel matériel, LLR a-t-il pu mener à bien ses expertises s'il a été évincé du C.A.R.M.E. en 1990 ?

Un prospectus de 3 pages en ma possession indique que *les expertises traitées sont de haut niveau et s'appuient sur un accord de collaboration avec l'Université de Bordeaux III pour les travaux sur Microscope Electronique à Balayage.*

L'assistante de LLR étant une certaine Nathalie Baudry[28].

Le début des plus gros "bobards" de LLR

À partir de ce moment là, LLR entame une carrière de redresseur de torts et lui qui n'aurait pas eu un sou vaillant en poche se trouve contraint de donner ses rendez vous à ses clients tôt le matin ou seulement l'après-midi. À moins qu'on ne l'invite à déjeuner de manière explicite. Mais là encore il n'est pas à l'abri de mauvaises surprises. Pour se faire plaindre, il nous a expliqué en long, en large et en travers dans son livre comment il procédait pour débusquer les tricheurs qui prétendaient avoir oublié leur portefeuille…

La réputation acquise par LLR en tant qu'expert aurait pu lui permettre de réclamer des avances…À la même époque, LLR a prétendu ne pouvoir disposer d'un chéquier.

Or il ne suffit pas d'être poursuivi par des huissiers pour en être privé et il faut pour être *interdit bancaire* avoir émis des chèques sans provisions…

LLR prétends avoir fondé une nouvelle société ayant pignon sur rue, s'agissant d'une personne morale distincte de la personne physique de LLR, cette dernière aurait pu posséder une voiture. Une *Mercedes* de préférence comme au temps de sa gloire quand notre héros était précédé par des sirènes de gendarmerie. Mais il n'a plus ni chéquier ni véhicule.

Les "fans" de LLR n'étant pas de fins juristes, ce dernier peut bien leur raconter n'importe quoi, ils sont prêts à le croire sans discerner la moindre invraisemblance Rappelons pour mémoire que la période évoquée figure dans le chapitre intitulé *Voyages au fil du rasoir* qui occupe les pages 181 à 189 de la troisième édition de *Qui a peur de LLR ?*

Un exemple : LLR a les "crocs" qui tombent dans son assiette...

Autre série de détails suspects d'invraisemblance : à cette époque la santé de LLR s'est détraquée. Soit ! Mais chose extraordinaire il se met à perdre ses dents sans la moindre douleur prémonitoire. Ses gencives l'ont fait souffrir mais si LLR *a les crocs* contre le Ministère de l'Intérieur non seulement ces derniers lui faussent compagnie en profitant, de préférence, d'un dîner mondain pour tomber dans son assiette au vu et au su de tous les convives.

Un seul de ses crocs fera de la résistance et l'on voit l'auteur nous dépeindre la très douloureuse opération d'extraction pratiquée à l'aide d'un verre de rhum et d'une (…) *tenaille*… Je suis désolé mais je ne peux pas croire que la fierté l'ait conduit à s'infliger pareil supplice pour éviter de contracter une dette envers un dentiste !

1991 – LLR prétend avoir perdu tout contact avec Duffaut

Source : la préface du manuscrit Duffaut. Je cite :

En 1991, j'ai perdu tout contact avec Norbert, pour cause de ruine programmée. Quand mon laboratoire a été détruit pour raison d'État, je vivais de la charité de quelques vrais mais rares amis.

1991 est censé correspondre à la mise au point du "G5" et à en juger par les brevets déposés en solo par LLR, il se pourrait que la "perte de contact" soit antérieure.

1991 – 24 avril - Convention entre *Building Technology* et LLR

Sentant la mort du C.A.R.ME. bordelais prochaine LLR signe une convention portant sur la création d'un "C.A.R.M.E. Benelux" avec la société qui est bruxelloise. Elle restera sans suite.

1991 – 5 Mai – LLR annonce par voie de presse l'imminence d'un procès en contrefaçon contre le Ministère de l'Intérieur

Le chapitre concerné dans *Qui a peur ?* s'intitule *Que la bête meure*…

Le laboratoire de police aurait si mal travaillé qu'un magistrat charge LLR d'une contre expertise. C'est à cette occasion que LLR aurait eu connaissance d'une contrefaçon de ses *tamponnoirs*... La mousse dont ils sont pourvus aurait changé de couleur, de noire elle serait devenue bleue. Les bouchons des bidons de "G5" changeront aussi de couleur...

Brevet FR 2 595 470 : un rapport d'antériorité falsifié ?

Le brevet FR 2 595 470 A1 existe, j'en possède une copie mais contrairement à d'autres copies de brevets en ma possession, celui-là ne comporte, sur le site de l'INPI, ni rapport de recherche ni rapport d'antériorité.

Page 256 de *L'Irlande, un an après*, LLR a reproduit un avis documentaire portant la mention encadrée "Aucune antériorité n'a été relevée". Les documents D69 à D71 reproduits dans cet opuscule pourraient avoir été contrefaits : j'ai noté des différences entre la copie que je possède et la reproduction faite sous la côte D69.

L'annonce du procès date de 1991 mais la date du procès ne sera fixée qu'en 1993 pour le 23 mars et l'on ne trouve aucun écho du verdict supposé avoir été rendu…

Le procès a donc été escamoté et le 24 juillet 1994 Gérard Longuet, Ministre de l'Industrie faisait mention d'une *sérieuse antériorité qui (vous) avait été signalée*. Voir plus loin…

Le document portant absence d'antériorité pourrait être un faux. J'ai noté d'autre part que LLR déclare quelque part avoir cessé de payer les annuités de ce brevet.

1991 – Brevet Duffaut relatif à une composition pour le SIDA

Déposants : Duffaut Norbert Charles, Dunoguès Jacques Paul, Grignon Dubois Micheline Marie, Laguerre Michel et Picard Jean Paul - *Traitement du SIDA au moyen de composition aqueuse dont la base incontournable à ce jour est constituée, avant potentialisation, de dérivés organosiliciés.*

Ce brevet est discutable pour maintes raisons. Il s'agit d'un développement particulier du brevet initial de 1959. Sa seule originalité consiste en l'introduction dans le composé organosilicé de dynamisations homéopathiques d'insectes piqueurs. Or si un moustique peut être occasionnellement un vecteur d'introduction du virus du Sida, cet insecte n'est pas une cause du SIDA à proprement parler.

La composition est donc fantaisiste et même absurde du point de vue homéopathique.

La composition est donc parfaitement fantaisiste et Duffaut ne mentionne que deux cas traités dont les résultats sont loin d'être probants quant à la remontée des CD4.

1991 – Septembre - Le C.A.R.M.E. ferme définitivement ses portes

Duby et Jourdan ont confirmé que LLR aurait été déclaré en *faillite personnelle* à concurrence de 6,5 millions de francs et se serait trouvé *déchu de ses droits civiques pour quinze ans. Trois fois plus que Bernard Tapie* aurait précisé Jean-Michel Graille dans *Sud-Ouest.*

Encore un mystère

Je rappelle que Le Ribault est censé avoir été évincé du C.A.R.M.E. par Jeandet et que s'il n'était plus propriétaire, ni dirigeant de son ancienne société, il avoue avoir été condamné. Il se pourrait que sa responsabilité dans une faillite frauduleuse ait été prouvée.

De quelque façon que l'on s'y prenne, la prise en compte des affirmations de LLR conduit toujours à des zones d'ombre et je suis tout de même étonné que personne n'ait jamais relevé la moindre contradiction nulle part !

1991 – Mise au point du "G5" par LLR

La mise en ordre chronologique des informations recoupées et des dires des uns et des autres permet de débusquer les manipulations et les truquages.

Dans une note infrapaginale à la publication du texte de Jacques Breton, l'inventeur de l'*ionocinèse*, LLR a daté de l'année 1991 l'invention de son "G5". Il prétend avoir constaté auparavant que l'ajout de diverses substances homéopathiques ou allopathiques au "D.N.R." par Duffaut ne serait pas nécessaire et qu'au final une solution très diluée de silicium pure de tout adjuvant se serait avérée plus efficace.

Concernant le "G5" qu'il dit avoir mis au point en 1991, il se serait agi d'une solution dotée de *caractéristiques électriques plus intenses* qui expliquerait *la sensation de chaleur ou de froid ou de nombreux "picotements électriques"* ressentis par les utilisateurs.

Ailleurs il explique ces "caractéristiques électriques" par le choix d'un *stabilisant neutre.*

Encore des fariboles

La renonciation à l'ajout de substances constitue une rupture par rapport à deux brevets de LLR. Cette simplification ne vise guère qu'une finalité purement commerciale.

Quant aux *caractéristiques électriques plus intenses*, LLR a exploité les sensations subjectives qui lui ont été rapportées, les a grossies et en a tiré une sorte d'argumentaire purement marketing.

1992 – Brevet Duffaut sur une composition thérapeutique à base de germanium (EP 0 491 103 A1 du 24 juin)

Le *germanium organique* a été l'objet (avec, plus récemment, le sulfate d'indium) d'une vogue dans le traitement des cancers. Ce brevet portant sur des *Compositions pour l'application thérapeutique contenant des dérivés d'organo-germanium* ne figure pas dans la liste rapportée par LLR. Il est cependant difficile d'accorder de l'intérêt à ce brevet vu les nombreuses antériorités. Duffaut n'ayant pas réussi avec le silicium a tenté un dernier coup de Loto en misant sur le germanium. En vain !

1993 – 23 mars - L'escamotage du procès en contrefaçon

LLR nous explique qu'alors que le procès qu'il est censé avoir intenté au Ministère de l'Intérieur aurait du se dérouler le 23 mars (*Qui a peur ?* page 177), on lui aurait fait une promesse d'emploi. Le 23 avril après des élections législatives, on lui fera savoir qu'il existe de bonnes raisons pour ne pas retenir sa candidature.

Le fait que LLR se soit laissé duper comme un enfant de chœur a bien de quoi nous étonner tant le coup est classique. Du procès et de ses attendus, je n'en ai trouvé aucune trace nulle part ! Nous n'avons que des affirmations à propos de ce procès et aucune pièce. Force est de croire que si LLR y a renoncé c'est qu'il se savait en fâcheuse posture. Il se pourrait bien qu'il se soit borné à de simples menaces par voie de presse afin d'éviter de perdre la face.

1993 - 28 septembre – Condamnation pour abus de confiance ?

Lors du procès 2004 la Présidente a fait allusion à une condamnation pour abus de confiance, il semble bien qu'elle concerne LLR... Cependant les minutes du procès étant lacunaires, une réserve s'impose.

1993 – 8 novembre - Suicide de Norbert Duffaut

On ne trouve guère, sur Internet, de détails sur le suicide de Duffaut. En revanche les rumeurs les plus folles ont circulé. Selon l'une d'elles, Duffaut aurait été retrouvé enfermé de l'extérieur dans sa chambre... Il a été question d'un fusil de chasse dans *Sud Ouest*.

Ce n'est que fort tardivement que LLR s'est étonné du choix du cyanure comme moyen d'en finir et ce en raison des souffrances atroces qu'il provoque.

Quoiqu'il en soit ce suicide n'est nullement une chose mystérieuse : près d'une demi douzaine de personnes auraient reçu unelettre qui laissait présager le pire. Malheureusement, en ce qui concerne Jacques Dunoguès, la lettre en question n'est arrivée que le lundi, soit le lendemain du suicide qui eut lieu un dimanche. Pendant plusieurs jours, Dunogèes avait fait le siège de Duffaut au téléphone pour obtenir du "DNR" sans parvenir à le joindre.

N'ayant pas voulu le déranger un dimanche, il regrette aujourd'hui son excès de discrétion mais ce sont des choses qui arrivent.

1993 – LLR prétends n'avoir pas été averti du suicide de Duffaut

Dans la préface du manuscrit de Duffaut édité en 2003, LLR écrit ceci :

Personne n'a donc daigné m'avertir du décès de Norbert en novembre 1993. Il faut dire qu'alors mon téléphone était coupé. Et comme je n'avais même pas les moyens d'acheter le journal, je n'ai appris le drame que bien plus tard.

Alors que le procès en contrefaçon devait se dérouler en mars de l'année de grâce 1993, il est difficile de croire que LLR ait été coupé du monde à ce point sans aucun accès à la presse alors qu'à peine quelques temps auparavant il se proposait de faire éclater dans cette même presse ce qu'il considérait comme un scandale. Ce déni d'information est un peu suspect, mais passons…

1993 – Fin de la société Le Ribault Expertises

L'indication figure dans le *curriculum*.

1993 – LLR devient "chercheur indépendant"

Chercheur indépendant sur le coin d'un évier de cuisine comme on le verra bientôt. Pas de quoi faire figurer un tel changement de statut dans un *curriculum*. Le détail est paru sur le site suisse.

1994 – 30 septembre – Lettre du Ministre de l'Industrie

Dans une lettre reproduite par LLR (D74 de *L'Irlande un an plus tard…*) Gérard Longuet mentionne que la brevetabilité des fameux tamponnoirs *se heurte à une sérieuse antériorité* qui avait été signalée au déposant dans le rapport de recherches…

Un ministre ne peut avoir pris le risque d'avoir menti et si cela avait été le cas, rien n'aurait empêché LLR d'intenter un procès et de le gagner. Le rapport d'antériorité reproduit en D70 est très probablement un faux et LLR a échoué dans sa tentative d'intimidation !

En fait, il existe une explication toute simple. Le Ribault qui a toujours été très bavard (ce qui infirme la thèse d'une intelligence supérieure) affirme ceci en p. 92 dans *Le prix d'une* (fausse) *découverte* : *en 1994, totalement ruiné, je n'avais plus les moyens d'assumer cette fabuleuse dépense annuelle (240 francs).* Il est possible qu'il ait cessé de payer ses annuités dès 1991 année de la faillite du C.A.R.M.E. de sorte qu'indépendamment de la question d'antériorité il aurait été, en tout état de cause, déchu de ses droits et donc dans l'impossibilité d'intenter le moindre procès en 1993.

1993 - 1994 - Le Ribault serait devenu "expert en tableaux de maîtres"

J'ai trouvé cette déclaration sur le site de Laure Pouliquen (AMESSI International). Je cite :

Privé de tout, Le Ribault loue des appareils d'analyse à l'université et se lance dans l'expertise des tableaux de maîtres, notamment Van Gogh. Il en authentifie scientifiquement plusieurs par l'analyse des signatures, des mentions manuscrites sur le dos des toiles, etc… Ce qui suscite plusieurs émissions télévisées.

Cette fois, il se heurte au monde des "experts" classiques en oeuvres d'art, dont les authentifications sont directement liées à l'importance des dessous de table qu'ils reçoivent.

La Direction centrale de la police judiciaire monte bientôt un dossier bidon contre Le Ribault, selon lequel celui-ci serait complice de deux faussaires hollandais (qui n'ont jamais existé). Mis en garde à vue quelques heures, il est libéré et totalement blanchi. Mais la Direction centrale de la police judiciaire a transmis l'annonce de son arrestation à l'A.F.P., qui la publie aussitôt.

L'agence rétablit la vérité deux jours après, mais il est trop tard : cette "bavure" délibérée a entaché la réputation de Le Ribault.

Voir : http://www.laurepouliquen.fr/spip.php?page=article&id_article=62

Ce résumé figure dans une publicité en faveur de la seconde édition de *Qui a peur ?* Le chapitre censé correspondre a disparu de la troisième édition, la seule que je possède.

Mais pourquoi trouve-t-on, après l'explosion de la "bombe G5", des mentions selon lesquelles la police désirait toujours entendre LLR à propos d'une histoire de tableaux plus de deux ans après l'histoire du "dossier bidon" ?

Je ne trouve aucune trace des "locations" évoquéeset il faut savoir à l'époque qu'étant "privé de tout" LLR avait perdu l'appareillage dont il a disposé au sein du C.A.R.M.E. !

En revanche, je constate qu'elle n'a pas tout rêvé ! Elle a daté par erreur l'épisode de 1994 alors qu'il commence une année plus tôt, je cite *Le prix d'une découverte* p. 96 :

En 1993, je lance l'expertise scientifique des œuvres d'art, qui fait l'objet de plusieurs émissions télévisées et me vaut immédiatement un succès considérable auprès de collectionneurs trompés par les expert en art "classiques"...

LLR a-t-il réellement "lancé" une activité nouvelle et à l'aide de quel matériel ?

En fait, il apparaît qu'il n'aurait utilisé que la macrophotographie et qu'un M.E.B. ne lui aurait pas nécessaire. Ce qui est vrai c'est que le C.A.R.M.E. a, durant son existence, participé par ses microanalyses de pigments à authentifier des peintures anciennes ou au contraire à dénoncer des faux, les pigments pouvant être datés. Dans le tapuscrit de *Microanalyse et criminalistique* en ma possession, les possibilités d'expertises des œuvres d'art et en numismatique et orfèvrerie sont évoquées p. 79 à 84. Voici donc une preuve de l'ancienneté des activités de LLR en tant qu'expert en œuvres d'art.

Une "dossier" qui semble resté inédit

C'est ainsi que le "Dossier n° 21" récupéré sur une partie des archives de LLR qui traînent encore ici et là, s'intitule *Comment un organisme français favorise la diffusion de fausses œuvres d'art pour leur recyclage en temps qu'œuvres authentiques.*

Dans les années soixante-dix, un pseudo "Prince Orsini" (alias Torricelli) s'est présenté au *Crédit Municipal de Paris* et à déposé une vingtaine de tableaux anciens de Canaletto, Botticelli, Guardi etc... et il obtient un prêt de 8 000 000 de Francs. Quelques moins plus tard, le "prince" ne donnant plus signe de vie, le Crédit Municipal envisage de mettre les œuvres en vente. Mais les experts sont partagés.

En 1985, on demande au C.A.R.M.E de trancher, et après 500 heures de travail, le verdict tombe : ce sont des faux datant du XIXe ! Le premier catalogue de la vente, prévue pour le 9 décembre 1985, précise que c'est le C.A.R.M.E. qui les a datés et ils sont présentés comme des copies émanant d'un faussaire de génie.

Cependant la vente est annulée et reportée au 30 janvier 1986. Toute mention du C.A.R.M.E. disparaît, les peintures sont désignées comme étant des *tableaux à la manière de…* Ils rapporteront 319 500 F et LLR en déduit que *des faux officiellement vendus comme tels mais si discrètement qu'ils peuvent être recyclés comme authentiques par leurs acheteurs.*

Soit, mais en fait la seule chose que l'on peut reprocher au vendeur c'est d'avoir supprimé la publicité faite dans le premier catalogue au C.A.R.M.E. ! Il n'empêche qu'ils ont été bien vendus comme faux et l'organisme officiel était et demeure tributaire d'experts plus ou moins fiables de sorte que sa responsabilité personnelle ne peut être engagée.

Il n'existe qu'un problème de "mémoire" et c'est aux experts de constituer des banques de données à partir des catalogues des ventes et autres sources de renseignements.

Concernant Van Gogh…

Si l'on en croit Pouliquen, LLR aurait non seulement entrepris une carrière d'expert en peintures avant de vendre du *Silanol* pour essayer de se refaire mais en outre, il se serait spécialisé dans l'expertise des peintures de Van Gogh !

En réalité, il est probable que Pouliquen a prêté à LLR une activité que ce dernier reprochait à une ancienne directrice du *Laboratoire de Police Scientifique de Paris*, à savoir une certaine Michèle Rudler.

Explications : *Dans l'Irlande un an plus tard…* paru en 2001, LLR a mis en cause la personne susnommée. Il lui est reproché d'avoir authentifié six faux dessins de Van Gogh qui auraient été peints par un faussaire italien…

Il doit s'agir de Francesco Plateroti qui a relaté la pseudo découverte de ces six dessins sur : http://franc-parler.main.jp/VangoghF.html

Je dispose sur Michèle Rudler du "Dossier n° 20" annoté à l'encre rouge par LLR. Les dessins semblent bien avoir été des faux, un jugement aurait été prononcé à Trévise en ce sens. Cependant, je n'ai pas de preuves que la dénommée Rudler aurait expertisé ces dessins et il ne m'appartient pas d'examiner sa carrière car cet aspect de la question est étranger aux objectifs que je me suis fixés.

Sur le "Dossier bidon" censé avoir été monté par la police judiciaire...

Il est tout à fait possible que la Direction de la police judiciaire de Paris ait voulu venger Mme Rudler et c'est même vraisemblable. Mais le "Dossier n° 12" de LLR comprend des précisions intéressantes.

Le 3 juin 1994, vers 15 heures, c'est Maguy (Salmon) furieuse, qui, l'écume aux lèvres, fait irruption à la maison. Elle jette sur la table un exemplaire d'Aujourd'hui (édition nationale du Parisien) et attends les bras croisés...

L'article est intitulé *L'expert de la police authentifiait des faux*. Il est insinué que LLR aurait été complice de Ellen Van Baren et Geert Jan Jansen, des faussaires hollandais (qui ont donc existé !). Sans aucune preuve. En fait la dépêche de l'A.F.P. fait suite à l'article du *Parisien*, qui ne peut tenir ses renseignements que d'une source policière puisqu'une garde à vue bien réelle est mentionnée... Mais cela ne veut pas dire que la Direction de la Police Judiciaire ait été impliquée dans la fuite !

Qu'importe, un démenti paraîtra et le restant de la presse ne reprendra l'information qu'avec la plus grande prudence. Le 6 juin, soit 3 jours plus tard, *Le Parisien* publie un article intitulé *L'expert attaque la police*, article dans lequel LLR précise que s'il a été entendu à Bordeaux par la P.J. de Poitiers le mercredi 1er juin, l'affaire pour laquelle il a été entendu n'a rien à voir avec l'histoire des faussaires hollandais. Elle concerne effectivement des Van Gogh volés dans la région marseillaise que LLR aurait authentifié en 1992. Ce qui ne veut pas dire que LLR se soit spécialisé dans les Van Gogh : Laure Pouliquen a brodé !

En d'autres termes, il n'existe aucune preuve que la Direction de la Police ait trempé dans cette histoire. Il aura suffi d'une indiscrétion d'un policier bordelais auprès d'un correspondant local du *Parisien* pour qu'une fausse nouvelle soit lancée sur la base d'un amalgame du au fait que le flic indiscret savait seulement qu'il s'agissait d'une affaire de tableaux et comme l'on avait beaucoup parlé à l'époque des faussaires hollandais lui ou le journaliste auront fait le lien...

Une fois de plus, LLR qui se croit toujours *persécuté*, est allé trop vite en besogne parce qu'il a cru à un complot dirigé contre sa personne !

Une huile du peintre Georges Seurat disparaît...

Puique l'on parle peinture j'anticiepe un peu : mon dossier mentionne que *Le Parisien* aurait récidivé le 18 avril 1997. Mais là il s'agit d'une charge sérieuse car ce dossier comprend 2 exemplaires de l'article selon lequel LLR est accusé par un certain Bernard Terrier d'avoir disparu avec une huile sur bois de Seurat expertisée par Le Ribault…

Vendredi 18 avril 1997 LES FAITS DIVERS

ENQUETE ▸ L'héritier d'une huile sur bois de Seurat porte plainte contre Loïc Le Ribault

L'expert disparaît avec un tableau de maître

UNE allée, des arbres, une femme assise dans l'herbe, le tout peint à l'huile sur une plaquette en bois. Ce tableau, attribué par certains au peintre néo-impressionniste Georges Seurat (1859-1891), est au centre d'un incroyable feuilleton artistico-judiciaire. Avec dans le premier rôle Bernard Terrier, cinquante ans, cadre financier au chômage de Sarcelles (Val-d'Oise). Hier soir, il a porté plainte pour abus de confiance contre Loïc Le Ribault, l'homme qui a créé le premier laboratoire privé de police scientifique en France, et qui s'est reconverti depuis dans le trafic d'œuvres d'art et les médecines parallèles (lire ci-contre).

En haut d'une armoire

Pour Bernard Terrier, les ennuis commencent en 1980. L'année du décès de sa grand-mère. « Dans ses affaires, raconte-t-il, j'ai retrouvé deux tableaux sans titre ni signature. Cette fameuse huile sur bois ainsi qu'une nature morte sur toile. Avant sa mort, elle m'avait vaguement expliqué qu'elle les tenait d'un certain Seurat, chez qui une amie de sa cousine avait travaillé comme femme de ménage. Mais à l'époque, ce nom ne me disait rien. » Les deux tableaux passent donc cinq années, en haut d'une armoire, à prendre la poussière. Jusqu'au déménagement des Terrier, il y a juste douze ans.

« En faisant les cartons, ma femme est retombée dessus. Elle voulait les refiler à un brocanteur. » Prudent, son mari décide quand même de faire des recherches. Il court à l'hôtel Drouot. Écume les galeries de la rue Saint-Honoré. Dévore les ouvrages consacrés à Seurat. Et finit par contacter l'un des plus éminents spécialistes du peintre, Henri Dorra. Ce savant français, installé en Californie, examine les reproductions que Terrier lui envoie. « Il m'a dit que c'était peut-être un Seurat, peut-être pas, soupire ce dernier. D'ailleurs, la plupart des experts que j'ai vus en sont restés à cette réponse de Normand. »

Deux millions de francs

Du coup, les tableaux retombent dans l'oubli sept ans de plus, accrochés au mur du salon familial. Jusqu'en novembre 1992, lorsque Bernard apprend l'existence d'un spécialiste de la « micro-analyse », Loïc Le Ribault, qui vient d'authentifier un Van Gogh non signé. En septembre 1993, les deux hommes se rencontrent à La Teste (Gironde), au domicile de Le Ribault. Moyennant finances, celui-ci certifie « œuvre originale de Georges Seurat » l'huile sur bois et en obtient le mandat de vente exclusif. Pour deux millions de francs. Quant au second tableau, il est rendu à son propriétaire sans être authentifié.

Commence alors une épuisante partie de cache-cache entre le vendeur et son mandataire. D'octobre 1994 à février 1996, plusieurs rendez-vous avec des « acheteurs potentiels » sont organisés à Arcachon, Angers et Paris. Mais jamais la vente ne sera conclue. Jamais, non plus, Bernard Terrier ne reverra son bien malgré ses relances auprès de Le Ribault, qui a disparu depuis dix jours. Avec lui, c'est l'ultime espoir de Bernard qui s'envole. « J'ai fait de cette affaire plus une question d'honneur que d'argent, conclut-il, amer. Seurat ou pas et quelle qu'en soit la valeur, je souhaite juste récupérer mon tableau. »

Stéphane BOUCHET

LA TESTE (GIRONDE), OCTOBRE 1986. *Loïc Le Ribault dirigeait le Centre d'application et de recherche en microscopie électronique.* (Photo Sygma/POINCET.)

De la police scientifique au charlatanisme

De la tronçonneuse de Simone Weber à l'affaire Grégory, Loïc Le Ribault a vécu au rythme des grandes enquêtes criminelles des années quatre-vingt. Patron du Centre d'application et de recherche en microscopie électronique (Carme) de La Teste, près d'Arcachon, ce docteur en géologie a été considéré comme le précurseur de la police scientifique moderne. Un titre qui lui valut d'être courtisé par les meilleures polices d'Europe et le FBI américain.

Mais sa gloire éphémère prend fin quand l'État équipe la police et la gendarmerie de leurs propres laboratoires. Acculé à la faillite, Le Ribault se recycle dans l'analyse au microscope des œuvres d'art. En juin 1994, la PJ de Bordeaux le met en garde à vue pour avoir authentifié des tableaux de maîtres fabriqués par un couple de faussaires néerlandais. Première douche froide.

Beau parleur, décrit comme un être d'une intelligence rare, il se lance alors dans les médecines parallèles. Fin 1995, il commercialise une « potion magique ». Le Silanol, à base d'une molécule dérivée du silice, est censé favoriser la guérison de l'herpès, de l'hépatite, de l'asthme, du zona et même du sida. Poursuivi pour escroquerie, exercice illégal de la médecine et de la pharmacie, Le Ribault s'enfuit aux Antilles en février 1996. De retour en France début décembre, il est arrêté, mis en examen et écroué à Bordeaux pendant un mois et demi.

Domicilié depuis à Gujan-Mestras (Gironde) et soumis à un strict contrôle judiciaire, l'ancien expert criminel s'est volatilisé il y a une dizaine de jours. Un avis de recherche pourrait être lancé à son encontre par le juge bordelais chargé de l'affaire du Silanol.

S.B.

Article relatant l'affaire Terrier

C'est en octobre 1994 que commence *une partie de cache cache entre le propriétaire et LLR son mandataire* pour la vente de l'œuvre envisagée pour deux millions de francs. Voir à février 1996 pour le détail de cette histoire que LLR a éludé de façon assez désinvolte…

Sur les fausses apparences créées par Laure Pouliquen

Telles que les choses ont été présentées par Laure Pouliquen, on pouvait croire que LLR se serait improvisé expert en tableaux de maîtres pour tenter de se refaire financièrement avant de lancer sa bombe "G5".

En réalité, il n'en est rien mais avant de pouvoir faire la lumière, j'avais imaginé que Claude Sokolovitch aurait pu être l'homme susceptible d'avoir suggéré cette nouvelle vocation… Enfin je remercie Laure Pouliquen d'avoir piqué ma curiosité puisque grâce à elle j'ai découvert l'histoire de la disparition de la peinture de Seurat qui demeure à charge contre LLR.

1994 – Le G5 est au point

1994, c'est la date donnée pour la mise au point du "G5". Le procès survenu en 2004 nous éclairera sur la vraie nature de cette "invention"…

1994 – 8 août – LLR prétend travailler pour les banques espagnoles et françaises

Un petit curieux est censé avoir fouillé dans les documents déposés chez son ami Declercq en vue de la création d'un "C.A.R.M.E. Belgique" et avoir relevé que LLR serait un faussaire minable qui aurait utilisé une photocopieuse laser et du papier machine pour fabriquer des faux billets…

Ce à quoi LLR répond qu'il travaille pour des banques espagnoles et françaises en vue de la création de billets infalsifiables. Qui peut croire pareil bobard ?

1994 – Brevet Exsymol portant sur des composés de silicium sous forme concentrée

Il existe de nombreux brevets déposés par la société Exsymol de Monaco. Je ne peux les citer tous ce qui serait sans intérêt car il faudrait entrer dans une discussion purement chimique qui dépasse l'objet de ce livre. (Brevet FR 2.725.208)

Il semble toutefois que ce brevet ait exploré une voie un peu différente de celle tracée par Norbert Duffaut.

Le brevet envisage de nombreuses applications thérapeutiques mais il ne semble pas qu'elles aient vu le jour quoique certaines de ces applications répondraient à des besoins bien réels.

1995 – 3 mars – Jacques Declercq se rappelle au bon souvenir de LLR

Il lui rappelle le prêt consenti voici 10 ans tout en soulignant sa perte de crédibilité…

1995 – 24 juillet – LLR est expulsé manu militari de sa maison

Toujours d'après la préface de LLR au manuscrit de Duffaut :

A l'époque, j'étais confiné dans la maison que j'occupais avec ma mère et dont nous allions être expulsés manu militari le 24 juillet 1995. Seul dans la cuisine, je mettais la main finale à la dernière génération de silicium organique à usage thérapeutique, le G5 ; celui-ci se distinguait des molécules précédentes par le fait qu'il n'était plus nécessaire de lui ajouter d'autres produits pour le rendre efficace et qu'il devenait buvable tout en pouvant être utilisé par application cutanée.

Mensonge que tout cela ! Il ne s'agissait sûrement pas d'élever en batteries des bactéries pour leur faire synthétiser du silicium organique à partir de sable car le peu de place disponible sur un évier n'aurait pas suffi. En revanche, on peut bien faire une dilution de *méthylsiliconate* sur un coin de table, comme il m'arrive de le faire pour mon usage personnel…

Parenthèse sur l'invention du "G5"

Or on trouve ceci sous la plume de Laure Pouliquen :

Après le décès de Norbert Duffaut en novembre 1993, Loïc Le Ribault met au point une nouvelle molécule de silicium organique à usage thérapeutique (le G5) qui ne présente plus aucune toxicité, puisqu'elle ne contient plus d'acide salicylique, et devient donc buvable. On peut également utiliser le G5 en applications cutanées.

Voir : http://www.laurepouliquen.fr/spip.php?page=article&id_article=63

De nombreux perroquets ont répété la même petite phrase en la réécrivant plus ou moins. On voit bien qu'il n'est pas question de bactéries. Ici l'on constate que l'acide salicylique était censé rendre la molécule *toxique* et *imbuvable*. Ce qui ne saurait avoir été le cas, cet acide apparenté à l'aspirine ne provoquant que très exceptionnellement des réactions allergiques.

Quant au *méthylsiliconate* il a toujours été buvable à condition d'être dilué et acidifié.

En réalité, LLR s'est borné à nous faire croire à l'existence d'une nouvelle molécule alors qu'il n'a même pas innové quant au choix de l'acide nécessaire à la stabilisation.

1995 – 7 septembre – LLR propose à Jacques Declercq d'être son agent belge pour le "G5"

La lettre propose la création d'un C.A.R.M.E. hors de France alors qu'il a refusé le projet basé à Fribourg en 1986. Il propose également à son interlocuteur de s'occuper du "G5" en Belgique et, au cas où il disparaîtrait de s'occuper de ses proches dont il possède la liste.

1995 – 8 octobre – Lancement de la "bombe G5"

En octobre 1995, *Sud-Ouest Dimanche* publie en cinq pages un compte rendu détaillé du travail de Le Ribault et de l'étouffement de sa découverte. Cet article mentionne le suicide de Duffaut à l'aide d'un fusil de chasse alors qu'il est établi qu'il se serait empoisonné au cyanure.

Voici l'une des versions de l'histoire par laquelle le scandale est arrivé.

En juin 1995, Jean-Michel Graille, journaliste à Sud-Ouest Dimanche, contacte Le Ribault pour écrire un article sur sa découverte. Dix ans auparavant, Graille avait publié un livre, L'Affaire Priore, consacré à un chercheur qui, après la seconde guerre, prétendait avoir découvert une cure contre le cancer en utilisant des rayonnements dont il gardait le secret. […] *Après avoir obtenu l'autorisation de son rédacteur en chef, Graille accompagne Le Ribault pendant quatre mois, observant son travail de scientifique, de novateur et maintenant d'entrepreneur. Après un scepticisme initial, Graille devient convaincu des effets thérapeutiques de la molécule de Le Ribault. En octobre 1995, Sud-Ouest Dimanche publie en cinq pages un compte rendu détaillé du travail de Le Ribault et de l'étouffement de sa découverte.*

La fausseté du détail relatif au suicide de Duffaut laisse songeur. Et puisque deux ans sont passés depuis ce suicide, il ne peut s'agir que d'une invention destinée à accuser le caractère sensationnel de lancement du "G5". Et un détail aussi abracadabrantesque tend à indiquer que Graille n'a pas du vérifier grand-chose et qu'il se serait quasiment borné à écrire sous la dictée de LLR. Enfin l'on imagine mal qu'un journaliste ait pu passer quatre mois à marcher sur les traces de son informateur. Le bidonnage est patent !

Les conséquences impensables de cet article vont propulser Le Ribault dans une bataille incontrôlable avec la justice et d'autres puissances plus occultes. Dans les jours suivant la publication de l'article, Le Ribault reçoit 35 000 appels téléphoniques, lettres et visites de patients. Aidé par des amis, il est obligé de louer un hôtel et d'appeler des scientifiques (sic) *et des médecins pour l'aider à gérer les demandes et les visiteurs. Sud-Ouest Dimanche doit engager huit standardistes pour répondre au téléphone. Le service téléphonique local saute, et les lignes des gendarmeries et des bureaux de poste des localités voisines sont bloquées des jours durant.*

Dans les trois mois qui suivent la publication de l'article, Le Ribault fait de son mieux pour traiter les milliers de gens qui convergent vers lui pour demander son aide. Il déclare aujourd'hui qu'il pense que cette vague de fond a fait perdre environ 35 % de chiffre d'affaire aux pharmaciens de la région.

C'est manifestement exagéré mais passons ! Le texte a été publié dans *Nexus* n°39 de juillet-août 2005 et il se trouve reproduit sur :

http://www.lesensdenosvies.org/lesite/sante/articles/g5-2005.html.

Après le lancement du "G5" par Jean-Michel Graille, Le Ribault bénéficiera du soutien indéfectible et farouche de Pierre Lance, le fondateur, dans les années quatre-vingt, d'une revue intitulée *L'Ere Nouvelle*. Puis LLR sera inclus dans une série de "savants maudits" du même auteur !

1995 – La "foire de Biganos" ou la "scène primordiale" !

La "bombe G5" explose et l'épicentre à pour théâtre Biganos. Les choses se déroulent en deux temps. D'abord au domicile de Le Ribault, Rue de la Verrerie, puis à l'*Hôtel de Boïens* devenu depuis lors, *Hôtel Delta*. Les photos dont je dispose ne montrent pas une affluence extraordinaire mais ellles datent de l'année suivante.

1995 – octobre – Consultations rue de la Verrerie

Le Ribault prétend avoir été réveillé en pleine nuit par des patients alors qu'il dormait dans son lit. Une invention pure…

Revue des acteurs de la "foire" de Biganos

J'anticipe un peu sur la suite. Les présenter en bloc est le seul moyen d'y voir clair.

Jean-Michel (Graille) c'est le journaliste qui a lancé la "bombe G5". Maguy (Salmon) a hébergé LLR et sa mère. Ancien clerc d'un huissier que LLR a jeté dehors, elle a eu pitié de son "client" lors de son expulsion de la maison qu'il occupait. C'est en quelque sorte la première des *saintes femmes* de l'histoire, Le Ribault étant une sorte de saint thaumaturge si ce n'est le Christ en personne[29].

Jacky et Denis, Jean-Pierre, Alain, Laetitia et Jocelyne s'occupent des prises de rendez-vous et de la vente du précieux produit.

Marcel est un étudiant en médecine d'origine allemande, il va assister Le Ribault dans sa pratique de "Grand guérisseur" mais il finira par s'en écarter sous l'influence de l'un des "clowns".

Gaston, *figure haute en couleur de Biganos*, sera le premier *miraculé*[30] !

Bernard Borie, c'est celui qui deviendra le *Judas* de service. 53 ans, brun ténébreux à la voix grave, prétendu ancien officier de la Légion ayant servi au Deuxième R.E.P. avant d'entrer au S.D.E.C.E., il finira par être diagnostiqué comme raté, psychopathe et authentique escroc et qui plus est complice de longue date de ceux qui viendront après. Circonstance aggravante, LLR avait rencontré ce mythomane deux ans avant Biganos !

François Seurem. Lui est *confit en dévotion, option Vierge Marie* selon LLR. C'est un magnétiseur. Il va s'avérer une sorte de Judas lui aussi. Je possède une photo couleur originale où l'on voit ce personnage et Le Ribault assis dans un fauteuil côte à côte. Le Ribault est *aux anges* et il paraît ronronner comme un gros chat ! Sans doute un effet du charisme de la "Vierge Marie"... Un temps plus tard apparaîtront deux autres sbires mais l'on découvrira, à la fin, qu'ils avaient envoyé Borie en éclaireur pour circonvenir Le Ribault.

Patrick Isnard est dépeint comme *ayant le teint jaunâtre, affligé de dents de lapin, les cheveux gras et longs balayant le col sale de son pardessus*. Les photos confirment la description qui témoigne des qualités d'écrivain de LLR. Signe particulier : il dodeline du chef en cas de forte émotion !

Richard Ferrière est *joufflu, bedonnant, blême et insignifiant*. Lui sera surtout manutentionnaire de "G5". Enfin viendra, encore un temps plus tard, un dixième acteur, celui là est sans lien avec les précédents.

Il s'agit de Robert Bargigli qui a été indiqué à LLR par un ami à lui, marseillais et qui va jouer un rôle assez important.

A noter encore deux acteurs : un certain Desage qui jouera dans l'affaire de l'exil à Antigua un rôle de premier plan avec un certain Condon présenté comme un milliardaire en délicatesse avec le Fisc. D'après l'organigramme cité plus haut, il se serait agi d'un parfumeur bordelais.

Bargigli où quand le silicium voyageait dans un corbillard marseillais !

Bargigli mérite qu'on parle de lui ! C'est un personnage haut en couleur. Il aurait aidé LLR à payer ses dettes à l'époque de la faillite du C.A.R.M.E. Bien sûr, Le Ribault a nié la chose. Voir les minutes du procès.

Bargigli est donné comme thanatopracteur. J'ai trouvé sur Internet des souvenirs à propos d'un Albert qui aurait dirigé deux entreprises de pompes funèbres dont une à Manosque.

Robert n'a obtenu son diplôme que le 4 mars 1999 tandis qu'un certain Patrick l'avait précédé dans cette voie le 25 mars 1997.

En juin 1995, Bargigli aurait rendu visite à Le Ribault au volant d'un corbillard tout neuf ayant un corps à livrer à Bordeaux. Peu importe s'il en était ou non le vrai propriétaire. Il voulait du "G5" pour un membre de sa famille.

Ce Bargigli avait informé notre Loïc qu'il connaissait, à Grasse, un chimiste capable de fabriquer du "G5" en quantité quasi industrielle. C'est ainsi que toutes les quinzaines, Bargigli a livré gracieusement la commande de silicium concentré à LLR en servant de trésorier payeur de cette première fourniture externe.

Après quoi les choses se seraient envenimées. Bargigli aurait voulu une licence qu'il dit avoir payé 300 000 F ce que LLR a nié ayant prétendu la lui avoir quasiment donnée.

La vérité sur la licence de Bargigli

Je dispose d'une copie de cette licence exclusive (5 pages + les justificatifs de la *Sodisil* fondée le 19 janvier 1996). Cette licence est datée du 30 novembre 1995 et a été cédée pour 1000 F par an. Elle se réfère à la demande de brevet n° 85.19204 du 23 décembre 1985. Bargigli a fait enregistrer sa concession de licence le 11 décembre 1995 et le document de l'INPI précise que le brevet à bien été accordé.

Bargigli se serait estimé berné car cela ne lui aurait donné que le droit de commercialiser du "G4" à l'hyposulfite.

Dans l'histoire figure des accusations relatives à une agression physique dont Maguy aurait porté les traces. J'ai une photo mais la trace est assez insignifiante !

Bargigli est accusé d'avoir pris la place encore chaude de LLR à l'hôtel des Boïens de Biganos. Il lui serait arrivé de débarquer à Biganos à bord d'un hélicoptère loué.

Beaucoup plus tard, Bargigli sera accusé (c'est un leitmotiv chez Le Ribault) d'avoir contrefait son "G5" et d'avoir créé une ou plusieurs sociétés vendant du "Silanol". En particulier la *Sodisil*. Or cette *Sodisil* est à deux mois près la concrétisation de la licence délivrée. Enfin si Bargigli a fabriqué du "D.N.R." avec de l'acide phosphorique, ce dernier était tombé dans le domaine public depuis plus de 15 ans !

Francis Seurem et son frère Patrick, enrichis par une collaboration avec Bargigli auraient fondé *Objectif Diffusion* en collaboration avec Isnard. Leur quartier général se serait trouvé à Langon, là où Le Ribault sera arrêté grâce à un traître. Si ce fut bien le cas la S.L.D.I. étant censé être la chose de Isnard et Cie, l'apparition d'une nouvelle société tend à indiquer qu'en fait cette S.L.D.I. était bien la chose de LLR même s'il n'y est apparu qu'au travers d'un homme de paille, savoir Bernard Borie.

Il y aura même à un moment donné un procès intenté par une partie de ce beau monde à Le Ribault… Entre temps, LLR, qui a toujours plusieurs métros de retard quand il s'agit de jauger ses partenaires, aurait découvert tardivement les antécédents judiciaires de Bargigli[31], un personnage qu'il dépeint comme un membre du milieu marseillais, bien connu des services de police et prétendument membre du S.A.C.. Enfin comme chacun sait on ne prête qu'aux riches, ce dont les avocats présents au procès 2004 furent bien conscients !

Remerciements : Je tiens à manifester ma reconnaissance envers ce M. Bargigli pour avoir procuré à la présente histoire une note cocasse. Que les premières fournitures semi industrielles de "G5" aient voyagé entre Grasse, Marseille et Bordeaux dans un véhicule spécialisé dans le transport de la viande froide procure, à cet épisode un zeste de drôlerie qui devrait contribuer au succès de ce petit livre.

Ce qui est curieux, c'est que la tirade sur Bargigli a disparu des autobiographies suivantes de LLR. Le Ribault a-t-il fini par comprendre que l'on allait se souvenir de l'adage voulant que *qui se ressemble s'assemble* ? C'est qu'il ne pouvait charger son partenaire, fut-il occasionnel, sans que cela ne finisse par lui retomber dessus…

1995 - Biganos fait concurrence à Lourdes !

Ce qui frappe c'est que LLR n'a guère perdu de temps pour valoriser sa prétendue découverte. À peine deux ans après le suicide de Duffaut le voilà qui se remplit les poches car si les consultations étaient gratuites, le flacon n'était pas donné. On parle de 290 F le litre[32] soit près de 15 fois le prix pratiqué jadis par Duffaut pour son "DNR" (20 F) !

LLR a effectivement réquisitionné un hôtel à Biganos, où il débite des hectolitres de "G5" aidé de Maguy comme on le voit sur la vidéo de Jean-Yves Bilien. Cette Maguy a fini par appeler en renfort la police municipale pour drainer la foule des premiers jours.

Biganos c'était devenu Lourdes ! aurait rigolé Laurence Bouffard[33], l'ancienne concubine qui a toujours plus ou moins suivi son "ex" et le retrouvera au bord du Lac Léman après le procès 2004 avant de l'accompagner à son avant dernière demeure, une urne funéraire qui fut retenue en otage par l'entreprise de pompes funèbres[34]...

Les affaires marchent sont florissantes.
Les réserves de Silanol et leur manutantion par les "clowns"

1995 – La tentative de rachat des brevets de LLR, encore un bobard !

Les faits allégués : des individus surgissant d'une *Mercedes* jettent sur la table de Le Ribault un *sac Addidas* contenant des millions. Ils sont censés représneter un laboratoire pharmaceutique d'État désireux de racheter les brevets de Le Ribault pour les enterrer.

Le magot proposé en échange (les chiffres ont varié) était censé émaner d'un grand *laboratoire pharmaceutique d'État.* Or, cette catégorie de laboratoire n'existe pas ! Exemple : l'*Institut Pasteur* est une entreprise de droit privé même si ses souhaits ont parfois force de loi.

Enfin et surtout, le *silicium organique* n'a jamais menacé le lobby pharmaceutique. Les marchands en sont innombrables, il s'en vend des tonnes et aucun trust pharmaceutique n'a fait faillite !

1996 – 4 janvier : Deux plaintes sont déposées contre LLR

L'Ordre des Médecins et celui des Pharmaciens qui ont longuement délibéré finissent par réagir. LLR se déclare ravi d'avoir deux plaintes aux fesses car elles vont booster son chiffre d'affaire…

1996 - 8 janvier – LLR reçoit deux "clowns" qui se déclarent financiers philanthropes

Les acteurs ayant côtoyé Le Ribault ont été présentés plus haut, entrons dans le détail. La rencontre avec les "clowns" a eu lieu quelques temps plus tôt, cependant LLR décide de les recevoir ce 8 janvier en dépit de la très mauvaise impression qu'il dit avoir ressenti.

Les "clowns" proposent à LLR de monter une société (la S.L.D.I.) qui se chargera de la vente du "G5". Les voici photographiés par Le Ribault en personne :

16 janvier 96 - Le ramassage de mes chèques par l'équipe de SILANOL SLD

"S.L.D.I." serait l'abréviation de ***S****ilanol* ***L****e Ribault,* ***D****uffaut,* ***I****snard.* D'après un organigramme de la main de LLR en ma possession, le journaliste J.M. Graille en aurait fait partie, ce qui met à mal son indépendance en tant que journaliste. Les principaux associés étant Isnard, Ferrière, Borie, Condon. Quant à l'adresse à LaTeste de Buch, il est bien possible qu'il s'agisse d'une adresse ayant appartenu à LLR mais c'est à vérifier.

Le contrat est déjà rédigé et antidaté au 8 octobre 1995. Le dénommé Bernard Borie, futur traître, est censé porter les parts de LLR qui ne dispose même pas de la moindre reconnaissance de cette combinaison. Du moins c'est là la version donnée par LLR. La seule chose sûre c'est que LLR est gêné aux entournures. Il ne peut guère encaisser d'argent, il est toujours poursuivi par les huissiers et d'autre part, il se doit d'apparaître comme un philanthrope aux yeux de deux Ordres qui ont déposé plainte.

Qu'à cela ne tienne, il remet aux sociétaires 380 000 € de chèques et 150 000 € de commandes. Des chèques libellés à son nom... Dans 90 % des cas, les clients accepteront de les refaire au nom de la société... Les *clowns* sont censés avoir engrangé 120 000 € dans la seule soirée du 12 janvier... Voir plus haut la photo des "clowns" comptant leurs chèques le 16 janvier 1996.

Histoires à dormir debout (suite)...

Arrêtons nous un instant et faisons quelques comptes. Cela nous fait au total 510 000 € de chiffre d'affaires. Si l'on calcule le nombre de bouteilles de 1 litre au prix moyen de 38 € le litre cela ferait environ 13.500 bouteilles !

LLR ne fabrique plus son silicium sur un coin d'évier. Je ne sais s'il faut faire confiance aux chiffres donnés quoiqu'il en soit le corbillard qui a transporté le précieux liquide a été bien rodé.

Le laboratoire Berkem entrera dans la danse un peu plus tard, en novembre 1996 très exactement. Le chimiste grassois a du collaborer pendant un an, pas plus, peut-être moins. J'ai relevé quelque part qu'il aurait refusé de garantir un produit stabilisé à l'aide d'acide salicylique ne pouvant en garantir l'innocuité (risque de choc anaphylactique).

Ce qu'il importe de souligner c'est que le "Silanol" grassois, si l'on se réfère à la classification de LLR donnée en 2004, n'a jamais été du "G5" mais du "G1" ou du "G2" selon l'ordre expérimental adopté par Duffaut !

Soyons clair ! Il y avait deux acides à éviter, celui qui se trouve avoir une parenté avec l'aspirine (risque d'allergie) et l'acide L-Ascorbique (antioxygène E300) car la solution se colore très rapidement en jaune. Cela fait très mauvais effet sur les utilisateurs quoique le produit ne soit point altéré pour autant.

1996 – Février – LLR disparaît avec une huile sur bois censée être de Seurat...

En 1980, Bernard Terrier trouve deux tableaux dans la succession de sa grand-mère qui avait expliqué à son petit-fils qu'elle les tenait d'un certain Seurat chez qui une amie de sa cousine avait travaillé comme femme de ménage. Les tableaux restent cinq ans sur le dessus d'une armoire et sa femme, en retombant dessus lors d'un rangement, envisage de les céder à un brocanteur.

Terrier fait alors la tournée des experts à partir de l'hôtel Drouot et finit par les confier au C.A.R.M.E. en septembre 1993. LLR authentifie l'un d'eux comme œuvre originale de Georges Seurat et obtient un mandat de vente exclusif fixé à 2 millions de francs. Plusieurs rendez-vous sont fixés entre octobre 1994 et février 1996 sans que la vente puisse être conclue. LLR finira par disparaître et Bernard Terrier n'aura plus de nouvelles de son bien qui doit dormir quelque part à moins qu'il n'ait été vendu à un collectionneur en toute discrétion.

En plusieurs endroits des diverses versions de son autobiographie, LLR fait allusion à des convocations relatives à des histoires de tableaux or elles pourraient se rapporter à la plainte du susnommé.

1996 – Février – Convocation du Juge Reynal

Il n'en sera question dans les dires de LLR que le 16 décembre prochain. La convocation évoquée par le Juge Raynal correspond à peu de choses près à la disparition de LLR telle qu'elle est évoquée par Bernard Terrier. C'est probablement dans cette mystérieuse convocation que réside la cause de la fuite à Antigua. Mais il fallait pouvoir tout recouper pour s'en rendre compte.

1996 – 22 février – Conférence de presse à Paris

Une conférence devant une salle presque vide :

1996 – En avril, Graille le ‘journaliste bombardier”, meurt terrassé par une crise cardiaque dans son jardin

Peut-être a-t-il réalisé qu’il n’avait fait que promouvoir un escroc…

1996 – 18 mars – LLR part pour Antigua, première escale d’une longue cavale

Le bobard qui est censé avoir persuadé LLR d’émigrer à Antigua est de taille : l’un des “clowns” aurait projeté d’acheter un hôtel en Martinique, preuve que le “G5” a rapporté gros. Dans la foulée, il aurait été question d’une succursale de la société à Antigua et même d’y créer une sorte de C.A.R.M.E.[35]. Il est question également du F.B.I. auquel LLR téléphone de temps en temps *pour dire bonjour* (sic)…

Bref, dans l’intervalle, les parts de LLR changeront, grâce à Borie, de mains, libérant les “clowns” de toute entrave. La nouvelle maison de LLR sera détruite par un cyclone. Vrai ou faux je n’en sais rien mais toutes les occasions sont bonnes pour apitoyer les *poires* qui ont vu en LLR un véritable martyr des temps modernes. *Loribo*, comme l’ont baptisé ses clowns analphabètes, il a tendance à en faire un peu trop...

L’épisode relatif à la conquête d’Antigua est le plus rocambolesque et tout ce qui se rapporte à cette île est sujet à caution.

Le départ pour Antigua est donc fixé au 18 mars. Un tout petit problème survient : si LLR peut se rendre en Martinique sans passeport, il en faut un pour atterrir à Antigua. Et pour compliquer encore un peu les choses, la carte d’identité de LLR est périmée !

1996 – 25 mars – Débarquement de LLR à Antigua

C’est ainsi qu’à la suite de diverses péripéties, dont un trajet dans un catamaran servant à une sorte de passeur clandestin, LLR débarque, trempé comme une soupe, à Antigua un 25 mars. Il est accueilli par une photographe, Fabienne. Ce sera au final pour se rendre compte que contrairement à ce qui lui avait été annoncé aucune “huile” ne l’attendait au débarcadère. Quel contraste entre la peinture qu’a torché LLR de sa carrière d’expert pilotant une *Mercedes* escortée par des sirènes de police et cette espèce de fuite éperdue…

LLR, toujours selon sa version très problématique, s’apercevra que ses “clowns” n’avaient misé sur un paradis fiscal que dans l’espoir de pouvoir y encaisser leurs chèques discrètement. Mais le stratagème n’aurait pas marché, les banquiers antiguais étant paresseux, ils n’en auraient pas voulu. Cela aurait nécessité de noircir trop de papier pour des sommes ridicules. Enfin, les signataires des chèques auraient peut-être eu des surprises quand à leurs frais bancaires…

Les fables antiguaises

Comment LLR a-t-il pu croire à la fable de ses “clowns” et se lancer dans la conquête d’Antigua avec tant de légèreté ? La seule chose claire est qu’il semble avoir eu le feu au cul. La convocation du Juge Reynal y fut probablement pour quelque chose. Je présume que notre héros a du être informé par un mystérieux canal qu’il risquait de la “préventive”...

Quoiqu’il en soit, l’histoire officielle dit que sans ressources, LLR soigne des habitants en mettant discrètement des tracts sur le pont des bateaux de milliardaires puis il obtient des agréments officiels autorisant l’utilisation du “G5” en tant que médicament dans le Commonwealth. Il sera question d’une A.M.M. mais elle n’est absolument pas documentée. Quoiqu’il en soit, l’histoire occupe les p. 216 à 256 de *Qui a peur* ? (3e édition) et elle ne semble pas avoir connu trop de variations.

Trois petites fioles mystérieuses

Le Ribault parle dans plusieurs de ses livres de 3 petites fioles de “G5” avec lesquelles il aurait débarqué à Antigua et elles sont même en photo dans *L’Irlande un an plus tard*… Ce n’est tout de même pas avec aussi peu de son remède miracle qu’il a pu opérer des conversions en masses ! Il y avait là tout juste de quoi soigner, tout au plus, une demi douzaine de coups de soleil ! Et je ne comprends pas à quoi rime l’insistance sur la petitesse de ces fioles...

Enfin, en plus des consultations de LLR, elles sont censées lui avoir procuré de quoi acheter un billet d’avion pour revenir, le 15 avril, en France, avant d’en repartir.

1996 – 15 avril – Retour en France à Bordeaux, LLR obtient un passeport par miracle entre deux avions

LLR est contraint de revenir en France pour quérir un passeport et emporter divers documents nécessaires à ses projets. Par miracle, une employée de Mairie qui a entendu parler de son remède miracle, lui procure le sésame en deux temps trois mouvements.

Pour l’heure, nous voyons LLR retourner dans son île, ce qui nous indique une fois de plus que loin d’avoir reçu l’assurance qu’il était attendu à bras ouvert, le seul objectif de Le Ribault était de se tenir loin de la justice française.

1996 – 9 juin – Mamy Le Ribault et Maguy sont reçues comme des princesses à Antigua

LLR est bien retourné à Antigua à une date apparemment non précisée puisque c'est lors de la seconde partie de son séjour qu'il a reçu sa mère et cette Maguy qui l'a hébergé.

Le voyage de maman Le Ribault est relaté avec force détails. Elle retrouve bon pied, bon œil et un solide appétit sans le "G5". Convaincu de la réussite de son cher fils, elle retourne en France comblée.

1996 – 15 juillet – Le "G5" est censé obtenir une A.M.M.

Le "G5" aurait obtenu une A.M.M. pour le Commonwealth signée par Lester B. Byrd, Premier ministre d'Antigua et Barbuda. Enfin cette A.M.M. n'engageait ni la France ni l'Europe…

Si *L'Irlande, un an plus tard* comporte de nombreux documents en annexe, je n'ai jamais vu nulle part la moindre trace de cette A.M.M. !

1996 – 16 et 19 octobre – Jacques Declercq reçoit deux télécopies

LLR annonce à son correspondant que les choses prennent une excellente tournure en raison de prétendus *agréments médicaux du Silanol* et il demande à son ami belge de reprendre contact avec *le labo belge.* J'ignore de quel labo il s'agit mais il semble qu'avant de faire appel à Berkem, LLR ait envisagé un autre prestataire.

Trois jours plus tard, LLR envoie à son correspondant un autre fax contenant une notice sur la fabrication de son Silanol par 150 litres qui démontre, s'il en était besoin, que le "G5" n'est rien d'autre qu'une des applications du brevet Dufaut de 1959…

1996 – 22 octobre – Leslie Wingham annonce qu'elle détient sur LLR une créance de 4500 $ US

Le fax daté de 23 heures 41 sollicite Jacques Declercq d'effectuer un virement Swift faute de quoi, elle engagera une action contre LLR à raison d'un loyer demeuré impayé.

Preuve qu'en réalité LLR a raconté, une fois de plus, des histoires.

22 October 1996 23:41:27 Page 1

FAX MESSAGE
FROM LESLIE WINGHAM
TO JACQUES DECLERCQ
22/10/96

As you may be aware Loic Le Ribault is staying at my home in Antigua.
My friend put up bail for him to weeks ago and has still not received all the money due to him from Loic as promised by him.
Loic advised me last friday that you are sending monies to our account Accord Assurance early this week.
Would you please be aware that Loic now owes me USD4500 and I have decided to take court action against him on friday, this will stop him from leaving the island and commit him to jail until the debt is paid.
Would you please confirm by fax, including the swift transfer, that sifficient funds have been sent.
I look forward to hearing from you.
Yours sincerely

Leslie Wingham

1 268 461 2904

Le fax prouvant la créance

1996 – 2 novembre – La production industrielle du “G5” démarre près de Bergerac

Après avoir été conditionné à Grasse, le nouveau “G5” sera fabriqué près de Bergerac par le laboratoire Berkem[36] de Gardonne, un laboratoire spécialisé dans les extractions végétales.

Le contrat aurait été signé le 2 novembre à Antigua au *Coconut Grove* en présence de deux témoins. Il prévoit, outre la clause de confidentialité, que le laboratoire ne fournira en “G5” que les diffuseurs autorisés par LLR.

Si l’on en croit Le Ribault, le laboratoire, qui était alors au bord de la faillite, aurait trouvé là un moyen de survivre, ce qui reste à vérifier. Quoiqu’il en soit, ce laboratoire produira du “G5” jusqu’en 2007 quand la direction effective du laboratoire passera de Lucien Fahy à son fils.

J’avais obtenu l’information au sujet de ce laboratoire d’un particulier mais elle se trouve avoir été confirmée p. 11 dans *L’Irlande, un an plus tard…* Je ne vois donc aucune raison de passer sous silence le nom du premier grand producteur de *Silanol*.

Soit dit en passant, j’ai questionné Berkem par téléphone qui n’a pas souhaité communiquer. Ce qui se comprend aisément car si, contrairement à ce qu’à prétendu LLR, son “G5” n’a jamais été fabriqué à partir d’un travail de bactéries sur du sable mais bien à l’aide d’une solution industrielle de *méthylsiliconate,* il est évident qu'on ne souhaite pas confirmer la supercherie.

Une anticipation pour éclairer la suite de l'histoire…

À noter, que plusieurs personnes âgées dont Melle Violette F. vont s'employer à diffuser le "G5". Cette dame, ancienne secrétaire de l'Armée, qui aurait vu son hépatite C grandement améliorée par le silicium, va tenir scrupuleusement à jour un cahier de ses expéditions et reverser 50 francs par litre vendu à LLR. Mais lorsque ce dernier décidera de quitter Jersey pour l'Irlande après avoir compromis un notaire local dans son affaire d'*Institut de silicothérapie*, il lui faudra récupérer le fichier des clients et neutraliser ses revendeurs locaux.

Naïvement, Violette F. lui enverra son fichier et il la fera dénoncer au Fisc. Résultat : elle sera condamnée à verser plus de 800 000 € tant aux Impôts qu'aux douanes. Et l'on se demande pourquoi dans ce dernier cas, puisque le produit avait toujours été fabriqué en France tandis que les éventuelles exportations sont toujours facturées hors taxes. Bref, c'est une chance si la maison que possédait la vieille dame (et qu'elle avait mis 40 ans à retaper) avait été vendue en viager sans que l'acte passé devant notaire puisse être cassé.

1996 – 22 août – Début de l'opération "G5- Caraïbes"

Le 7 août six inspecteurs de police aurait perquisitionné la maison de la mère de Le Ribault, saisissant les dossiers sur le "G5" et interrogeant durant 5 heures cette femme âgée de 85 ans.

Le soir même, elle tombait malade et mourrait quinze jours plus tard, soit le 23 août de cette année 96 ; le lendemain du début de l'opération "G5 Caraïbes" telle que l'a datée LLR. A ce propos, Le Ribault a prétendu que la perquisition aurait été une réponse à une lettre fort provocante envoyée depuis Antigua au Juge Reynal…

Deux centres de silicothérapie auraient été créés à Antigua mais aucune photo ni preuve n'a été produite. De toutes façons l'aventure antiguaise ne durera pas longtemps, soit environ neuf mois d'après la déclaration faite par LLR en 2004 devant le Tribunal de Bordeaux…

Petit séjour à la "case prison" d'Antigua

Après une dernière aventure antiguaise LLR reviendra au "Gris Pays".

Cette dernière aventure aurait consisté en une incarcération pour une note d'hôtel impayée. La version donnée dans *Qui a peur ?* stipule qu'un dénommé Dupont, un patient français venu se faire soigner à Antigua lui aurait laissé le soin de payer une note de 1.400.000 F.

Le "G5" étant disponible en France et utilisable par n'importe qui sans qu'il soit nécessaire de sortir de polytechnique, on ne peut que douter de la thèse avancée.

En réalité, le fax évoqué plus haut démontre qu'il s'agissait d'une dette personnelle. LLR n'a pas payé sa logeuse et celle-ci s'est rebiffée. L'imagination romanesque dont Le Ribault a fait preuve pour travestir la vérité montre à quel point ses dires sont peu fiables.

Le Ribault a souligné que son arrestation à Antigua prouve qu'il *ne dispose d'aucun argent aux Caraïbes pas plus qu'en France ni ailleurs.* Ce qui m'incite à croire, (et j'en suis même certain) qu'il n'a fait que vivoter en passant le plus clair de son temps sur les plages du secteur avec Denroy, un noir sculptural qu'il a porté au nues devant sa marraine lors de sa cavale en direction de la Belgique. Voir plus loin. Tout ce qui a été avancé à propos d'Antigua est sans doute à peu près complètement faux !

Le témoignage de Richard Abbey de Jersey

LLR lui aurait montré un article censé avoir été publié par un journal antiguais de St John. Abbey a téléphoné au journal qui lui a répondu qu'il n'avait jamais rien publié au sujet de Le Ribault.

Ce dernier a montré une photo de l'hôpital qui lui aurait servi de clinique et une photo d'un petit garçon noir qui aurait été guéri du Sida. Quand Abbey a demandé ce qu'était devenu ce petit noir, LLR aurait répondu qu'une semaine plus tard il aurait été renversé et tué par une voiture…

Enfin l'hôpital aurait répondu que Le Ribault n'y a jamais exercé et qu'on ne souhaitait pas qu'il sollicite à nouveau une autorisation.

1996 – 25 novembre – Second retour à la case France

LLR débarque à l'aéroport de Bordeaux après être passé par Paris sans être repéré, preuve que l'on ne cherchait pas vraiment à le coffrer. Ce qu'il devait savoir puisqu'il avait gardé des contacts dans la police.

C'est en voulant tenir une causerie à Langon que notre héros va se faire coffrer par la maréchaussée. En fait, il est bien établi qu'il aurait été trahi par un certain Rodriguez.

1996 – 12 décembre – LLR est incarcéré à Gradignan sur ordre du Juge Alain Reynal

Le mandat d'amener datant du 10 décembre, LLR sera détenu jusqu'au 14 février 1997. C'est l'occasion pour lui de consacrer une soixantaine de pages à son journal de détenu. À l'en croire, pour avoir été à l'origine de l'incarcération de plusieurs délinquants, LLR aurait été en grand danger dans sa prison. C'est bien possible mais sa peinture du milieu carcéral pour véridique qu'elle puisse être ne nous intéresse pas.

1996 – 16 décembre – Première entrevue avec le Juge Reynal

Le Juge parle d'une convocation datant de neuf mois. Cela nous ramène à février. Je cite :

Le juge a un sourire carnassier :

Mais, Monsieur le Ribault, si vous aviez répondu à ma convocation, voici neuf mois, c'est exactement ce que je vous aurais demandé ! Vous seriez resté libre… Je ne vous aurais même pas empêché d'aller à Antigua !

Pan sur le bec, Le Ribault !

Il est curieux que Le Ribault ait admis avoir été mouché. Le juge ne manquait pas d'humour. Et si LLR était resté libre, il n'aurait pas eu besoin d'aller à Antigua où il a du perdre son temps.

1997 – 16 janvier – LLR est questionné à Saintes sur une histoire d'expertise de tableau

Le Ribault se contente de décrire le voyage mais sans aborder le fond. Il aurait déjà été entendu trois fois sur cette affaire. Soit mais on aurait bien aimé en savoir plus. Il se contente de souligner qu'il n'a même pas retenu le nom du collègue de Reynal. Bizarre !

1997 – 14 février – LLR sort de prison

Le 14 février 1997, LLR était libéré sur décision de la Chambre d'Accusation et contre l'avis du juge d'instruction. Ses papiers d'identité ne lui sont pas rendus et il lui est interdit de quitter le département de la Gironde.

Durant cette période et avant sa fuite en Belgique, LLR est hébergé tantôt par Maguy que l'on voit faire la police à Biganos dans le film de Jean-Yves Bilien, tantôt par Violette F. qui a connu le "G5" à Biganos et qu'il dénoncera au Fisc et aux douanes françaises après la fondation du laboratoire irlandais.

Durant cette période, LLR est assujetti à devoir pointer deux fois par semaine dans un bureau de police…

1997 – 4 avril – LLR est nommé surexpert dans l'affaire Chanal par le juge Chapart

LLR est donc sous contrôle judiciaire, il a bouclé sa valise quand un juge d'instruction châlonnais décide de le missionner en tant que *surexpert* dans l'affaire des disparus de Mourmelon. À l'en croire, c'est à cette occasion qu'il aurait découvert les raisons de l'acharnement judiciaire déployé contre lui.

Le juge, ainsi que son principal enquêteur, Jean-Marie Tarbes, se rendent au domicile de LLR. Sa mission consiste à critiquer les rapports des experts d'état, celui initial de 1988 et celui 21 mai 1995 du L.I.P.S. de Lille qui avait pour but de contrecarrer l'expertise de LLR rendue en décembre 1988.

Et cette nomination tombe sur les adversaires de LLR au lendemain de sa première incarcération dans l'affaire de la "bombe G5" alors que le prévenu n'a pu être jugé sur le fond ! Il faut convenir que c'est vexant pour ceux qui auraient voulu faire taire LLR en l'empêchant de se mêler de certains secrets d'État...

1997 – 8 avril – Tentative d'arrestation de LLR

LLR a raconté que suite à un nouveau dossier monté par la Direction centrale de la Police judiciaire, la police se serait préparée à revenir pour l'arrêter de nouveau au domicile qu'il avait déclaré. Il pourrait s'agir de l'Affaire Terrier. Voir plus loin...

1997 – Début d'une cavale de 8 ans, LLR atteint la Belgique

L'histoire du projet d'arrestation n'est pas documentée. En fait je dispose d'une "tradition orale" beaucoup plus fiable. LLR se croyait en permanence surveillé et ne se sentant pas en sécurité en France, il aurait décidé, sur un coup de tête, de gagner la Belgique. Il serait arrivé un soir avec son ancien camarade de taule, Oscar, et aurait demandé à ce qu'on le conduise chez sa marraine à qui il désirait emprunter de l'argent.

De Angers, il aurait cherché en Bretagne un avion pour le mener en Belgique. N'ayant pas trouvé de solution, il se serait fait déposer à environ 120 km au Sud de Paris. Après quoi, je suppose qu'il a gagné Reims par le train en passant par Paris. Cette première partie de sa cavale ayant nécessité une longue journée, il est possible qu'il ait été hébergé sur Paris. Il parle d'un magistrat mais on n'est pas obligé de le croire.

De Reims, LLR passera la frontière belge dans une *Mercedes* noire. Encore son idée fixe mais elle s'ets matérialisée... Il est censé avoir dormi dans une gendarmerie française en bordure de la frontière. C'est manifestement faux car le trajet de Reims à la région de Bouillon n'a guère pris plus d'une demi journée. Cela dit, je comprends qu'il ait sollicité Jacques Declercq son ancien actionnaire, de faire le taxi car il est assez malaisé de joindre certaines régions de Belgique se trouvant au nord de Sedan par le train en venant de Reims ou de Paris.

Simplement, il se trouve que Declercq n'a pas voulu tremper dans le commerce de *Silanol*. Bien lui en a pris puisque certains de ses employés ont été arrêtés par la suite. LLR a donc fini par le quitter sans préavis avant de s'installer chez des gens qui étaient au service de Declercq.

Ce que Le Ribaul a raconté au sujet de cet ancien actionnaire qui l'a hébergé pendant trois mois est faux et témoigne d'une noire ingratitude. Le Ribault a toujours excellé quand il s'est agi de ridiculiser ceux qui n'ont pas daigné épouser ses "combines". Les ignominies qu'il a raconté sont assez franchement odieuses à l'adresse d'un homme qui s'est fait pigeonner de plus de 1 millions de francs sans compter les intérêts. Mais l'on commence à savoir comment fonctionnait mon "héros"...

1997 – 18 avril – "Le Parisien" annonce que l'expert vient de disparaître en emportant un tableau de maître

Le journal raconte dans quelles conditions un certain Bernard Terrier qui demeurait à Sarcelles vient, la veille, de déposer plainte à Paris pour abus de confiance contre Loïc Le Ribault. Les faits remontent à Février 1996 (voir plus haut). Le journal en profite pour consacrer une partie de l'article à un chapitre intitulé *De la police scientifique au charlatanisme*. Les journaux viennent sans doute de relater la disparition de LLR et il est mentionné que ce dernier à disparu, il y a 10 jours donc vers le 8 avril.

J'ai eu beau chercher, je n'ai trouvé nulle part la moindre explication plausible de Le Ribault au sujet du larcin dont Bernard Terrier l'a accusé. Je ne connais la véritable teneur de cet article que parce qu'il figurait en deux exemplaires dans les "dossiers" annotés de LLR dont j'ai hérité.

LLR a fait allusion à cet l'article dans *Le prix d'une découverte,* il en donne le titre mais en ne citant que des passages anodins et sans relation avec le détournement dont il est accusé.

1997 – 6 septembre – Installation de LLR à Jersey

LLR a du passer trois frontières et l'on ne sait comment il est parvenu à gagner pour quelques temps son second paradis fiscal. La diffusion de "G5" depuis la Belgique démarre en juin. En août, des amis des employés de Declercq qui l'a ramené chez lui depuis Reims, procurent à Le Ribault une magnifique carte d'identité luxembourgeoise dont le propriétaire lui ressemble. Le Ribault devra cependant se laisser pousser des bacchantes pour lui ressembler tout a fait.

L'heureux mortel qui a eu l'honneur d'aider "à son insu de plein gré" notre phénomène s'appelle *Ludwig Van Vreijheit*, soit, en allemand *Freiheit* un nom qui respire un goût de liberté.

Pourquoi Jersey ? LLR a deux bonnes raisons en faveur de cette destination : c'est un paradis pour les financiers internationaux et à Jersey aurait résidé la meilleure amie de sa mère décédée.

Le 31 août Le Ribault apprenait la mort de la princesse Diana et il a fait le calcul qu'il convenait de choisir le jour de l'enterrement pour effectuer son voyage de sorte que les policiers étant occupés à suivre l'événement sur lequel les yeux du monde entier étaient fixés, ils ne feraient que regarder d'un œil discret les papiers du fuyard.

Une nouvelle aventure du "G5" démarre le 6 septembre. A-t-elle été fructueuse ?

On le saura bientôt !

Fondation d'un institut de Silicothérapie

LLR aurait fondé un *Institut de silicothérapie* et aurait vendu les parts d'une société, à raison de 5000 Francs l'une. Parmi les victimes de cette escroquerie figure un naturopathe, qui a investi 15.000 Francs.

Ne voyant rien venir en fait de royalties, il téléphone au notaire qui a concocté les statuts de la société et a entendu ce dernier, qui parle bien le français, lui demander où était passé LLR. Il comprend alors qu'il s'est fait rouler…

L'action de Violette F. porte le n° 75 mais elle lui a été délivrée gracieusement…

Avant de disparaître de Jersey, notre Loïc aura vécu confortablement des enveloppes matelassées de billets que lui envoyait celle qui l'avait hébergé à sa sortie de Gradignan en alternance avec Maguy.

INSTITUTE of SILICOTHERAPY

Loïc LE RIBAULT

C/o P. LE GARIGNON - 4, Clos des Ruettes - SAINT JOHN, Jersey C.I. JE3 4FN (GREAT BRITAIN)

Telephone : 00.44.97.97.25224

PROPRIETARY TITLE - TITRE DE PROPRIETE

The Institute of Silicotherapy consists of 100 shares (number 001 to 100), 30 of which (number 71 to 100) are bearer-shares. Each shareholder is authorized to sell his share(s) to any people or company, but before sale promises to inform Loïc Le Ribault, who during one month owns a precedence on buying the share(s) on sale.

L'Institute of Silicotherapy est composé de 100 parts (numérotées de 001 à 100), dont 30 (numérotées de 71 à 100) sont au porteur. Le porteur est libre de les céder à la personne physique ou morale de son choix, mais est tenu d'en avertir avant cession Loïc Le Ribault, lequel dispose durant un mois d'un droit de préemption sur la(les) part(s) mise(s) en vente.

SHAREHOLDER'S NAME - NOM DE L'ACTIONNAIRE

Docteur R [redacted] F [redacted]

Founder Member

ADDRESS - ADRESSE

[redacted] **(FRANCE)**

SHARE(S) NUMBER - NUMERO DE(S) PART(S)

N° 73/100

ACQUISITION DATE - DATE D'ACQUISITION

JERSEY, Channel Islands, 5th of March, 1998

The Shareholder
Le Porteur

Loïc Le Ribault

Voici l'une des actions qui n'ont pas rapporté un sou aux acheteurs

1997 – 18 décembre – Arrestation des agents belges de LLR et S.O.S. à l'adresse du laboratoire Berkem

Un postier intrigué par la multitude des colis alerte la police belge qui se renseigne sur leur contenu. L'agent belge est interpellé, son domicile est perquisitionné et le stock de "G5" saisi ainsi que des documents et son disque dur.

À cette date, LLR, dans *L'Irlande un an plus tard…*, mentionne l'arrestation de ses "agents belges". Il s'agit des gardiens et du jardinier de la propriété de Jacques Declercq chez lesquels LLR s'était réfugié pour échapper à la police française.

LLR se dit dans une situation catastrophique, le voilà privé de ses royalties. Il appelle au secours Lucien Fahy du Laboratoire Berkem qui lui aurait raccroché au nez. Il se plaint que Berkem ne lui aurait pas versé un centime alors qu'en réalité ce sont les diffuseurs locaux du "G5" qui avaient pour tâche de lui reverser sa part[37].

Franck Amy de Jersey (il s'agit du connétable) supplée heureusement à la défection des "agents belges" en devenant le diffuseur du "G5" dans les îles anglo-normandes. Selon Abbey, il se serait rendu en France pour prendre livraison de "G5" et aurait eu à cette occasion un accident grave et se serait retrouvé dans une chaise roulante... Si donc le "G5" l'a libéré de ses douleurs, ce fut pour peu de temps…

Quant aux autres agents (Grande-Bretagne, Espagne, Portugal, Allemagne) ils se font tirer l'oreille pour verser leur part de redevances.

À la même époque, LLR décide de solliciter sa *fidèle amie* (sic) Gisèle Gygax qui lui a envoyé 2000 FF puis plus rien depuis. Il s'agit d'une artiste peintre qui vit actuellement en Australie.

Plus tard, en 2007, de *fidèle amie* elle sera promue au rôle d'*hystérique sans cerveau*… Voir : http://www.artistguysel.com/

1997 – Violette F. commence à diffuser du "G5"

C'est bien fin 1997 que Violette F. a proposé à LLR de diffuser le "G5". Elle s'est dite reconnaissante d'avoir été guérie par le "G5" d'une hépatite B due à une transfusion après un accident de circulation survenu en 1983. Elle a connu le "G5", très exactement le 9 décembre 1995 à Biganos, a hébergé LLR à sa première sortie de prison le 14 février 1997 après lui avoir rendu visite trois fois par semaine à Gradignan en compagnie de Maguy.

Le document qui autorise Violette à se fournir chez Berkem étant daté du 23 décembre 1997 (facsimile en ma possession), elle fera ses premiers versements régulièrement à partir de janvier 1998 comme en témoigne les cahiers qu'elle a scrupuleusement tenus à jour et que les douanes ont saisis. Il y est bien précisé que le laboratoire n'a rien à verser à LLR et que c'est Violette qui lui paiera ses commissions.

On notera que LLR déclare avec une pointe de mépris que Violette *a fait le travail qu'on attend d'un adjudant-chef* qui fut effectivement son grade. Pas un mot de remerciements pour les dons qui l'ont aidé à cantiner lorsqu'il était détenu à Gradignan et bien d'autres choses encore…

Bilan de 13 mois de présence à Jersey

LLR est demeuré environ 13 mois à Jersey, un temps très court pendant lequel il se serait assuré une réputation en guérissant l'un des 12 connétables de l'île. Le personnage a témoigné dans le film de Bilien.

Cependant, et mis à part Violette qui fit preuve d'une exemplaire fidélité en lui reversant scrupuleusement son du, les autres partenaires de LLR l'ont plus ou moins laissé en plan sous prétexte que les ventes marchaient mal. Ils se seraient bornés à payer leurs fournitures au laboratoire *Berkem.*

C'est ainsi que LLR s'est trouvé dans l'obligation de devenir son propre producteur de "G5".

Par la suite, il devra court-circuiter ses anciens diffuseurs ainsi que le Laboratoire Berkem (dont le directeur lui a raccroché au nez) pour obtenir son indépendance financière non sans créer une épouvantable confusion dont la description, très arrangée, occupe le premier quart de *L'Irlande un an plus tard…*

Néanmoins, le laboratoire Berkem continuera de produire du "G5" pour son propre compte jusqu'en 2007 car il sait que LLR ne possède aucun droit sur le composé. Le Ribault finira par le dénoncer comme "contrefacteur" et l'accuser d'avoir trafiqué le produit en couchant son nom dans l'une des nombreuses listes de "parasites" qu'il a diffusé...

Déjà au temps de Biganos, ses comparses, après l'avoir doublé sont accusés d'avoir vendu dans son dos du faux "G5". Aucun, bien entendu, ne s'est rendu compte que les licences dont ils ont pu disposer étaient entièrement bidon.

1998 – Automne - Départ précipité de Jersey

Le Ribault a donné deux versions de son départ précipité de Jersey. Selon Valérie Duby et Alain Jourdan (p. 96) le succès du "G5" n'aurait pas été *sans mettre la puce à l'oreille de certains médecins de Jersey, dont l'un de nationalité française. Cinq d'entre eux déposent plainte contre Le Ribault, la police ouvre une enquête. A l'automne 1998, Le Ribault fait une nouvelle fois ses valises. Retour en Grande-Bretagne à bord d'un ferry.*

Cette version serait fausse. Richard Abbey l'a démentie dans un email où il m'a déclaré avoir consulté divers policiers sans en trouver trace. Cette histoire est peu invraisemblable car Franck Amy, l'un des douze connétables de l'île et chef de la police était l'agent de LLR pour la diffusion du "G5" et la législation concernant l'exercice de la médecine en Angleterre est bien différente de celle dont nous avons hérité du régime de Vichy…

Quoiqu'il en soit, si l'on en croit LLR, il aurait été pisté par la mafia italienne dans une voiture rouge.

Le Ribault a imaginé une course poursuite et une apparition de la fameuse voiture dans la cour de la maison d'un certain John, une maison protégée électroniquement par un système d'alarme sophistiqué. Surpris par des projecteurs, les occupants de la voiture rouge seraient repartis ventre à terre *vers la forêt*. Or il n'y a pas vraiment de "forêt" à Jersey !

Ce nouveau roman mérite d'être revu.

La mafia italienne n'est pas implantée à Jersey, la seule mafia qui aurait une connexion avec les îles anglo normandes serait portugaise.

La solution de cette histoire de voiture rouge serait fort simple : il s'agit d'un créancier à qui Le Ribault devait beaucoup d'argent. C'est Richard Abbey qui l'aurait averti au sujet de cette voiture rouge qui patrouillait dans le secteur.

Le lendemain Le Ribault avait disparu, comme s'il avait le feu au derrière. Décidement, l'histoire se répète !

Un avocat, un certain Philip Sinel, aurait créé pour Le Ribault une société. Cette relation est parfaitement attestée par la brochure qui était distribuée à l'époque avec le "G5" où l'adresse de cet avocat est donnée comme destinataire des lettres de soutien en sa faveur.

Cette brochure en usage en 1998 et 1999 donne l'adresse du Dr P. Pointaire à Genève pour la centralisation des témoignages et la diffusion des informations médicales.

Les commandes de "G5" devaient être adressées à *Loïc Le Ribault, Rannoch, La Grande Route des Sablons, Grouville, Jersey*. De là elles étaient transmises par fax à la personne qui les expédiait depuis la France.

Les livres en revanche devaient être commandés à une boîte postale (n° 9) à Biganos. Cette boîte au nom de Le Ribault était probablement relevée par Maguy.

1998 – Octobre – LLR part à la conquête de l'Irlande

On l'a vu le motif de la fuite vers l'Irlande n'est pas clair ! De toutes façons, partout où Le Ribault est passé, il y a toujours eu des histoires plus ou moins rocambolesques.

1998 – 29 novembre – LLR rencotre la mère de Trevor O'Keffe

Il lui remet son rapport de surexpertise. Elle en aurait ignoré totalement l'existence.

1998 – 12 décembre – "Le Meilleur" évoque Le Ribault

Jean-Claude Marchais y a expliqué les raisons de la chute de LLR. En plus de la naïveté, il aurait eu deux gros défauts :

Le premier est qu'il a une grande gueule. Alors qu'il traite des affaires criminelles très délicates. Il joue les stars dans les magazines. Certes, il ne dévoile jamais les secrets de l'instruction, mais certains n'aiment pas trop que les gens trop médiatiques interviennent dans les enquêtes. D'autant qu'il n'est pas fonctionnaire, mais travaille en qualité de prestataire de service qui, par ses résultats, donne forcément des leçons à la police, la gendarmerie et à la justice.

Le deuxième gros défauts de Loïc le Ribault est qu'il n'est pas un grand gestionnaire ; si le C.A.R.M.E. réalise un gros chiffre d'affaires, il ne regarde pas trop à la dépense et les facturations ne correspondent pas toujours aux frais engagés, notamment en matière d'amortissement du matériel et du temps passé par ses ingénieurs. Un beau jour, le gouvernement a décidé qu'il fallait en finir avec ce génial mais encombrant scientifique qui, s'il permet d'élucider nombre d'affaires, montre les faiblesses des laboratoires de police scientifique officiels.

C'est fort bien vu et n'importe qui, à la place du gouvernement aurait pris la même décision. J'ai même le sentiment que si les adversaires de Le Ribault avaient réellement voulu lui faire payer certaines offenses, ils eussent été infiniment plus efficaces or ils se sont contentés pendant plusieurs années de le savoir hors de France.

1999 – 2 janvier – Martin J. Walker dédie un livre à LLR

L'écrivain journaliste spécialiste des médecines alternatives fait paraître un petit livre d'une cinquantaine de pages intitulé *Le combat de Le Ribault* après avoir raconté les aventures d'autres dissidents de la médecine. C'est en quelque sorte un Pierre Lance à l'anglaise…

1999 – 10 mars – "Arthur", l'ordinateur de LLR détecte une fraude sur les ventes de "G5" en France

LLR prétend avoir fait des courbes des ventes cumulées de "G5" en France sur son ordinateur portable.

Il aurait ainsi observé une chute anormale en février et aurait missionné une certaine Caroline au domicile de Violette F. qui se serait mise en colère etc.… Finalement, il aurait découvert que le laboratoire Berkem aurait vendu au tout venant et sans autorisation du "G5" falsifié (une vieille rengaine...) dans des bouteilles dont le bouchon comportait un bouchon bleu au lieu d'un bouchon rouge. Le produit aurait été du silicium mélangé à un conservateur chimique et le gel aurait été totalement inefficace.

Fausseté des courbes produites par "Arthur" !

Les courbes reproduites dans le livre publié en 2001 ne proviennent pas d'un ordinateur et d'un logiciel comme Excel, il s'agit en fait de courbes dessinées manuellement sur du papier millimétré ! "Arthur", l'ordinateur n'a donc rien vu et rien entendu ! Les courbes produites sont des faux grossiers concoctés pour la circonstance.

La thèse de la falsification du "G5" par Violette F. et/ou le Laboratoire Berkem

Il s'agit encore d'une invention : ni le laboratoire Berkem ni Violette F. n'avaient le moindre intérêt à falsifier le "G5". Pourquoi falsifier un produit dont la fabrication ne coûte rien ? Quant au flaconnage il a pu changer sans que ça puisse être un indice. Une rupture dans la continuité des fournitures est chose fréquente dans l'industrie.

Et en ce qui concerne Violette, complètement ignorante en matière de chimie, elle eu été incapable de la moindre falsification.

Mais il fallait pouvoir l'accuser de truandage afin de pouvoir l'éliminer du jeu et promouvoir la production du laboratoire irlandais. Or c'est bien cette dernière qui a posé problème.

1999 – Avril à juillet – LLR se procure du "G5" français par la bande

Si l'on en croit LLR, alors qu'il négociait à propos la parution de deux articles de Michel Dogna dans *Vérités Santé Pratiques*, il doit se procurer son "G5" auprès de Lucien Fahy (Berkem) en faisant intervenir des amis sûrs qui exigent 2000 litres du "vrai G5", celui comportant un bouchon rouge et non bleu. Comme si le bouchon[38] était important !

Bref, les caisses de "G5" se seraient plus ou moins égarées et de toutes façons la livraison aurait été insuffisante.

1999 – Mai-juin – Tractations avec Michel Dogna et apparition d'une société espagnole (I.M.I.)

Le 25 juin, Michel Dogna débarque à Dublin d'un vol d'Air France.

Il propose de mettre dans le circuit une société espagnole[39] basée à Alicante (I.M.I Potentiel, dirigée par un certain Dr Paya) qui sera chargée de ravitailler la France. Selon l'accord envisagé, après signature du contrat, Dogna pourra publier un article informant la clientèle française de l'existence de ce nouveau distributeur. Mais l'article serait paru le 26 juin sans que le contrat n'ait été signé. Les chèques doivent cependant être libellés au nom de Le Ribault. Ces chèques ne seraient jamais arrivés, bien que les commandes correspondantes auraient été expédiées.

L'embrouillamini franco-espagnol !

Il s'ensuit un embrouillamini incompréhensible duquel il ressortirait que, selon LLR, Dogna, Violette F. et la société espagnole proposée par Dogna se seraient entendus avec Berkem sur le dos de la nouvelle société irlandaise et que Violette aurait encaissé les chèques émis à l'ordre de LLR sur son propre compte. L'accusation de détournement de chèques devient récurrente… LLR a produit les fac-similé d'une montagne de documents au sujet desquels il se livre à de très laborieuses analyses sémantiques.

De tout ce déballage le lecteur ne peut retenir qu'une chose : que tout ce que LLR touche se transforme incontinent en une série d'embrouilles à tiroirs totalement inextricables mais que c'est toujours de la faute des autres.

La preuve du mensonge de LLR : l'impossibilité des "endossements" de chèques

Le Crédit Agricole ne peut s'être prêté à un tel détournement à grande échelle.

En France, une telle chose n'est pas possible car depuis longtemps tous les chèques sont systématiquement barrés lors de leur impression et ne peuvent être "endossés" et donc encaissés par des tiers.

À propos du compte de "Bio Cos Ltd" au Crédit Agricole

Le comble c'est que Violette est accusée d'avoir créé une société de droit anglais domiciliée à Leeds en Grande-Bretagne (Bio Cos Ltd) et d'avoir utilisé un compte étranger de cette société ouvert en France au

Crédit Agricole de B. pour tirer sur ce compte censé lui appartenant un chèque de 14.400 Francs.

Il est clair que Violette qui ne parle pas un mot d'anglais eu été incapable de créer une société en Angleterre où elle n'a jamais mis les pieds.

Ladite société et le compte au Crédit Agricole appartenait à Le Ribault et Violette disposait d'une procuration en bonne et due forme ; elle effectuait à partir de ce compte les transferts de royalties en direction du compte anglais ou irlandais de Le Ribault.

1999 – 20 juillet – LLR commence à fabriquer son "G5" irlandais et s'apprête à inonder le continent

LLR nous a longuement conté son installation en Irlande ainsi que la manière dont il a sauvé un bureau de poste de la campagne profonde en faisant commander à la postière des milliers de timbres à la Poste Centrale de Dublin.

Sur la constitution du laboratoire, on n'a aucun détail technique. LLR a confirmé que le laboratoire fut opérationnel dès la mi-juillet. Très archaïque à ses débuts, il s'est progressivement étoffé et est devenu un laboratoire industriel puisqu'en 2004, LLR mentionnera qu'il débitait 58 hectolitres de "G5" par mois.

1999 – 27 août – Michel Dogna se plaint à LLR que son gendre aurait tout cassé chez sa fille !

On a laissé de côté l'histoire de la société espagnole proposée par Dogna. Il faut y revenir. La société espagnole *Potentiel S.L.* aurait failli dans sa mission de distribution du "G5" en direction de la France sans que l'on puisse déterminer ce qui s'est réellement passé.

La fille de Michel Dogna dirige actuellement une société (la *Source Claire*) qui vend toutes sortes de produits[40] dont le père a fait et fait encore la publicité dans l'une ou l'autre des revues où il est passé. Elle vendait également un silicium organique à 45,90 € le litre qui me semble être venu en droite ligne de *Codipharm* car c'est un citrate… Il n'est plus au catalogue sans doute à cause de l'interdiction européenne.

Le gendre, animé par les dires de LLR au sujet de Dogna aurait *cassé tous les meubles de la maison de sa fille* pour "punir" le père. Voir *L'Irlande un an plus tard…* p. 45. C'est assez folklorique mais nous ne sommes pas plus avancés pour autant quant au fond de l'histoire.

1999 – L'article "infâme" de Michel Dogna

La seule chose à retenir c'est que LLR et Dogna se sont accusés mutuellement et qu'à l'évidence Dogna était derrière la société espagnole. On a des courriers indiquant qu'il a résidé de l'autre côté de la frontière.

L'article "infâme" est de peu d'intérêt, il rejette toute la responsabilité sur LLR et émet des doutes au sujet de la qualité du produit irlandais dont la stabilisation ne durerait que 3 jours au lieu de 8[41].

Du côté de LLR c'est le produit Berkem qui était défectueux et pour Dogna c'était l'inverse !

Dogna confesse ses regrets de s'être laissé "embarquer" dans la galère irlandaise et il publie le n° de téléphone irlandais de Le Ribault et lui renvoie les mécontents… LLR harcelé et accablé décroche le téléphone et aurait été prêt de sombrer alors dans la dépression…

1999 – Un 11 septembre : le "G5" est sauvé par Luc Verardo

Une mention d'un 11 septembre comme date fatidique, dans un livre écrit en 2001, ça ne s'invente pas ! Alors que s'est-il passé en ce 11 septembre 1999 ?

Et bien Luc Verardo, ce chien fidèle, compagnon des bons et des mauvais jours qui pense à son avenir, remet le téléphone en service et répond avec patience aux clients mécontents et il sauve finalement le "G5" !

Suit l'histoire du droit de réponse de Le Ribault refusé par Dogna. L'avocat de LLR bat en retraite. Normal, d'après ce dernier, il est congolais et la France (qui est contre LLR) gave le Congo de crédits ce qui aurait expliqué sa molesse.

Enfin, les choses se compliquent, les patients qui sont contents du "G5" reprochent à Dogna ses diatribes contre LLR et c'est ainsi que ce dernier publiera quatorze lettres en sa faveur. Ils ont tellement besoin de croire en l'existence d'une panacée que peu importe le spectacle qu'on donné les deux adversaires, ils sont prêts à dénoncer père et mère pourvu qu'ils aient leur "grigri" buvable !

Le discernement n'est pas, on le sait, la chose la mieux partagée en ce monde et malheur à celui par qui le scandale arrive !

1999- 24 septembre – La société LLR-G5 Ldt est fondée

Il ne restait plus à LLR qu'à fonder officiellement une société de droit irlandais.

Cependant, un mois plus tard, le juge Reynal lancera un mandat d'arrêt international contre LLR. Mandat non diffusé par Interpol, ce n'était guère qu'une simple incitation à ne surtout pas rentrer en France ! Le Ribault déclare avoir cédé gracieusement 50 % de ses actions à Luc Verardo et n'être apparu que rarement au siège de sa société. Se sentant persécuté, il aurait choisi un lieu de résidence d'où il pouvait surveiller facilement les environs.

Présentement, il faut savoir que Luc Verardo, n'était pas, comme LLR le dira plus tard, un simple employé à la confection des colis de pseudo "G5". Selon une certaine légende, LLR l'avait rencontré à Bordeaux alors qu'il était *préparateur en pharmacie*. La chose n'étant pas impossible, il faut donc avoir garde d'oublier que Verardo, aura sans doute été le fondement le plus solide du laboratoire irlandais avant de s'entourer de divers techniciens comme on le voit dans la vidéo de Bilien.

Verardo posséderait alors, de par sa formation, des rudiments de chimie et l'on m'a affirmé qu'il sait tenir un laboratoire.

LLR a donc fini par trouver la solution pour se passer de son producteur français de la région de Bergerac. Mais il lui faut récupérer la clientèle et il ne l'a pas vraiment en mains.

1999 – 28 octobre – Circulaire de Violette F.

En attendant, Verardo et LLR s'efforcent de tout faire retomber sur Violette F. qui est accusée de contrefaçon, comme si la chose était possible ! Elle rembourse quelques clients mécontents et publie une circulaire dans laquelle elle a dressé un état des sommes versées chaque semaine à LLR. Que pouvait-elle faire d'autre ?

Dans le livre déjà cité, LLR dresse une liste non exhaustive d'une soixantaine de marques de *silanols* et de contrefacteurs ce qui ne prouve guère qu'une chose, à savoir que la formule de base est devenue un secret de polichinelle et que tout le monde sait qu'elle est tombée dans le domaine public.

Lucien Fahy, figure en bonne place dans cette liste alors que LLR lui devait tous ses gains jusqu'alors. Et Le Ribault de s'étonner qu'alors que des escrocs lui ont ravi sa découverte, il est seul à être poursuivi par la Justice. Air connu !

1999 – 29 octobre – Un mandat d'arrêt international est lancé contre LLR

C'est la date précise du mandat déjà évoqué. Dans le même temps Le Ribault aura obtenu de l'ambassade française de Dublin un nouveau passeport après avoir prétendu à une perte oiu un vol sur une plage. C'est bien la preuve que le "complot" contre lui est des plus laxistes…

2000 – Procès de Violette F.

De fin 1997 à fin 1999 alors que le nom de Violette F. a été cité maintes fois dans la presse pendant deux ans, elle n'a jamais été inquiétée ni par le Fisc, ni par les douanes….

Il est cependant nécessaire, comme je l'ai déjà indiqué, d'éliminer Violette, qui, par reconnaissance envers le "G5" a fait vivre LLR durant plusieurs années en lui envoyant des sommes assez colossales pour son argent de poche. Elle lui livrera le fichier sans méfiance et il la dénoncera ou la fera dénoncer au Fisc afin de la couler tout en faisant peur aux autres distributeurs. Le ciel va alors tomber sur la tête de cette pauvre femme qui sera poursuivie dès 2000 pendant environ 5 ans. Elle pense un moment à se suicider mais elle se dit que si elle en arrive là, le voisinage l'estimera coupable. Heureusement, ce voisinage qui la connaît, la soutient moralement de son mieux mais elle finira par être condamnée à des amendes qu'elle ne pourra jamais payer.

Cette façon que Le Ribault avait de mordre la main des gens qui l'ont secouru est assurément un sommet dans le genre ! Car Violette n'avait pas attendu de pouvoir vendre du "G5". Estimant avoir été sauvée de l'hépatite qu'elle avait contractée, elle lui avait fait largement profiter des indemnités qu'elle avait touchées de son assurance…

2000 – Intervention de l'A.G.N.V.S.

Cette revue domiciliée à Fontainebleau prend parti en février et juin en faveur de LLR.

2000 – Intervention de *L'Ere Nouvelle* de Pierre Lance

Le n° 136 de cette revue dans son numéro du second trimestre propose sa version sous le titre de *Qui a peur de Loïc le Ribault* ? Titre qui

SUD OUEST

HAUTE GIRONDE VENDREDI 18 FÉVRIER 2005 / 0,80 €
www.sudouest.com

BORDEAUX. Une proche de Loïc Le Ribaut, l'inventeur du Silanol, substance censée soulager de multiples pathologies, est poursuivie pour fraude fiscale

La solitude de la reine du fan-club du Silanol

: Dominique Richard

L'événement est passé inaperçu. Pour la première fois devant un tribunal, une personne s'est posée lundi en victime de Loïc Le Ribaut. Non de la substance qu'il a inventée, le Silanol, mais de sa personnalité et des méthodes employées pour commercialiser ce produit censé guérir ou soulager de multiples pathologies. Il y a quelques années, dans un ouvrage intitulé « Lettre à mon juge », Loïc Le Ribaut ne tarissait pas d'éloges sur Violette la dépeignant même comme « la reine de son fan-club ». La reine en question, aujourd'hui âgée de 69 ans, est tombée de son piedestal sans que cela fasse beaucoup de bruit. Ce compagnonnage passé lui a occasionné de multiples tracas. Devant les magistrats de la quatrième chambre correctionnelle où elle répond seule de fraude fiscale, son mal-être est palpable. La direction générale des impôts lui réclame, droits et pénalités confondus, la bagatelle de 180 000 euros pour les revenus non déclarés des années 1999, 2000 et 2001.

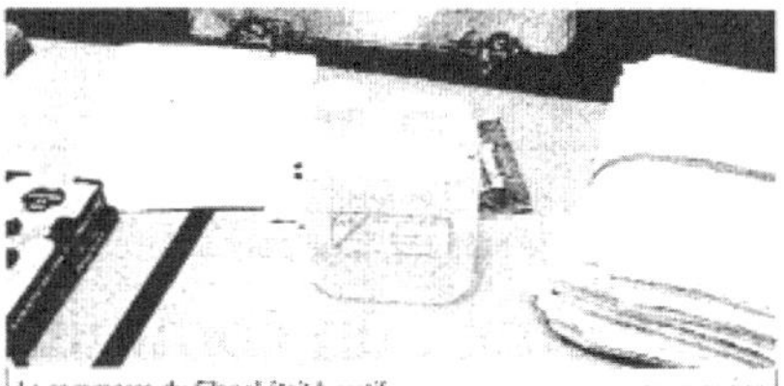

Le commerce du Silanol était lucratif PHOTO PHILIPPE TARIS

« Bonne poire ». A cette époque, Violette était le relais actif de la société Biocos, fondée en Angleterre par Loïc Le Ribaut. Cette retraitée de l'armée de l'air avait fait sa connaissance quelques années plus tôt au moment de sa première incarcération. « Quand il est sorti de prison, je l'ai materné. Il n'avait plus rien. En fait j'ai été une bonne poire. » Si elle est restée une adepte du Silanol, désormais baptisé G5, elle est plus réservée sur son créateur, qu'elle qualifie aujourd'hui de « gourou ». Poursuivi pour exercice illégal de la médecine et de la pharmacie et commerce de produits sans autorisation de mise sur le marché, Loïc Le Ribaut était alors en fuite. Clandestinemnt, il écoulait par son entremise quantité de flacons. A partir de la comptabilité saisie à son domicile de les limiers du fisc ont reconstitué un chiffre d'affaires voisin de 152 000 euros pour le seul exercice 1999.

De santé fragile, Violette a beau fouiller dans sa mémoire, elle ne parvient pas à retracer les mouvements de fonds générés par le commerce de cette molécule non toxique mais qui ne pouvait en France prétendre à l'appellation médicament. Elle sait simplement que 30 % du prix de vente revenait à Loïc Le Ribaut. Elle affirme aussi lui avoir régulièrement envoyé de l'argent liquide par courrier. A un moment donné, elle a même à ses dires rémunéré une personne qui travaillait pour la société. Saisie par les douanes dans le cadre d'une enquête ouverte pour contrebande, sa comptabilité a révélé l'existence de virements importants opérés à son profit. Elle ne les explique pas. « Il m'avait dit qu'il s'occupait de tout. Il ne m'est jamais venu à l'idée qu'il fallait déclarer ces sommes ! »

Incompréhensible. La procureure Anne-Marie Laprie veut bien admettre la singularité de cette relation particulière. Mais elle ne croit pas une seule seconde à la naïveté de la prévenue. « Vous n'étiez pas un prête-nom. Vous étiez une véritable gérante. Sachant que Loïc Le Ribaut dépensait beaucoup, vous avez même refusé de lui donner une procuration bancaire. » La vie sans tâche et sans accroc de de cette ancienne militaire, la méticulosité avec laquelle elle remplissait ses feuilles d'impôts où elle ne passait jamais sous silence le plus petit revenu incite pourtant son avocate Me Jacqueline Beneix à ne pas renoncer. Sa cliente était sous influence !

« La personnalité de Violette ne correspond pas à celle d'une fraudeuse. Loïc Le Ribaut etait docteur en mathématiques. Auparavant il avait fondé un laboratoire de police scientifique qui a formé pendant des années nombre de magistrats et d'enquêteurs. Bien plus armés qu'elle sur les plans psychologique et culturel, ils avaient pourtant succombé à son charisme. Comment voulez-vous qu'elle, elle puisse lui résister ? Elle appartenait à son réseau de bénévoles. Mais c'est lui qui pointait tout, vérifiait tout. Il s'est servi d'elle. » Nul ne sait où réside Loïc Le Ribaut. Condamné à une courte peine de prison l'an dernier, il a quitté la France pour se consacrer au business du Silanol dans les pays où il est autorisé. Apparemment, sa petite affaire ne craint pas la crise.

Délibéré le 11 avril.

sera repris par l'intéressé pour son dernier livre autobiographique qui connaîtra au moins trois éditions, une édition belge, une édition à compte d'auteur et enfin une édition espagnole.

Ledit Pierre Lance s'est spécialisé dans une série portant sur les "savants maudits" qui a été publiée par Trédaniel. Je l'ai parcourue, il s'agit d'une littérature très superficielle et très commerciale qui exploite un filon à base de conspirationnisme. Et l'on doit sans doute à Pierre Lance d'avoir en quelque sorte contribué à cristalliser l'idée que si LLR a eu tant d'ennuis, c'est bien parce qu'il aurait découvert une sorte de panacée. Le bénéficiaire ne s'y est pas trompé puisqu'il a noté qu'à partir de ce moment là son crédit auprès des malades n'a fait que croître et embellir…

2001 – Création de l' "Association Internationale des Amis de Loïc le Ribault"

Cette association demeurait 6, rue Montbrun, dans le XIVe. Une recherche rapide m'a permis de constater que si le site de l'Association a disparu *Les ConsomActeurs Associés*, 41 rue du Couëdic, 75014 PARIS. existent toujours. Le principal bénéficiaire de cette entreprise qui diffuse du "G5" espagnol est un certain Michel Bogé.

2001 – Parution de "L'Irlande un an plus tard, le crépuscule des cloportes"

Il s'agit d'une édition à compte d'auteur. Le livre est dédié à LV, savoir Luc Verardo qui a sauvé le laboratoire irlandais. Voici la dédicace :

Je dédie ce livre à LV ami de vingt ans, sans lequel le "G5" aurait disparu à jamais le 11 septembre 1999, avec toute mon affection et ma reconnaissance.

Ce livre devenu fort rare m'est parvenu juste avant de boucler le manuscrit. Il contient des détails et des fac-similé d'articles qu'on ne trouve pas ailleurs.

Ce livre, dont j'ai tiré une bonne partie des renseignements qui ont enrichi les rubriques qui précèdent, est bien là pour démontrer, qu'encouragé par les soutiens qu'il venait de recevoir, LLR ne se sentait plus. La formule portant sur le *crépuscule des cloportes* montre qu'il a cru avoir triomphé mais il n'avait pas prévu qu'il allait bientôt retourner à la case prison !

Il faut manquer de beaucoup de bon sens pour ne pas trouver ce déballage consternant.

2002 – 20 septembre – LLR se paie un M.E.B

Les affaires ont bien marché. Le Ribault se rend à Londres pour acheter le jouet dont il toujours rêvé, un microscope à balayage dernier cri. Il redevient donc chercheur. C'est du moins ce qu'il a déclaré...

Le fait est qu'il sera question plus tard d'un projet d'expertise dans l'affaire du Temple Solaire à la demande de l'avocat des Vuarnet. Enfin si l'on trouve trace d'une vente de sa maison, il ne sera plus question de ce M.E.B. dernier cri dans les actifs laissés par LLR.

2002 - 16 mars – Décès du Dr Rager

Jacques Breton note pour la circonstance que beaucoup de questions que posaient sa personnalité et ses activités ne connaîtront pas de réponse. Pendant ce temps le Dr Janet continue ses activités et dispose d'une boutique Internet pour vendre du silicium et des appareils d'ionocinèse.

2003 – avril - LLR est rattrapé par l'Affaire Chanal, son ciel se couvre…

En avril 2003, Le Ribault est cité à comparaître devant le tribunal de Reims en tant qu'expert pour le procès Chanal fixé au 13 mai. Un expert n'étant pas légalement obligé de se présenter en personne. Voulant éviter d'être arrêté, LLR a préféré répondre par écrit. Survient une tentative de suicide de Chanal de sorte que le procès est retardé, Le Ribault est à nouveau cité à comparaître le 16 octobre cette fois.

Il propose alors une vidéoconférence, depuis la Grande-Bretagne à la Présidente du tribunal qui n'est pas contre cette solution.

2003 – 23 août – Un mandat international est diffusé par Interpol

Entre temps, un nouveau mandat international daté du 23 août est lancé. Cette fois, il a été transmis à Interpol. La menace devient sérieuse ! On note, dans le même temps, diverses manigances de presse ayant pour effet de publier l'adresse irlandaise de LLR qui se sent traqué et envisage de quitter l'Irlande comme il l'aurait annoncé dans *L'Express*. Le 23 août est une date fatidique pour LLR car un autre 23 août son amie Maguy lui avait annoncé le décès de sa mère.

Le 1er octobre, LLR devait apprendre que son inculpation pour exercice illégal de la pharmacie avait été inscrite pour le 5 février 2004 au rôle de la 4e Chambre correctionnelle de Bordeaux. L'étau était bel et bien en train de se resserrer.

Le 2 octobre, LLR reçoit une autre mauvaise nouvelle : il est informé que trois juges de la Cour européenne de Strasbourg ont déclaré irrecevable sa requête contre l'État français et ordonné la destruction immédiate des pièces du dossier.

2003 – 15 octobre – Le procès avorté de Chanal

Le 15 octobre, alors que débute le procès Chanal, ce dernier se suicide durant la nuit ayant suivi le premier jour d'audience. L'a-t-on aidé ? Personnellement, je ne le crois pas. Le livre de Maître Buffard m'a convaincu que l'on a réellement voulu, en haut lieu, ce procès. L'avocat apporte sur ce point des détails convaincants. Il est clair que tout était programmé en vue d'une condamnation de Chanal afin de satisfaire les victimes supposées de ce dernier et de calmer l'opinion. Le Ribault aurait alors connu son assomption et une sorte de réhabilitation…

En d'autres termes, il n'existe pas la moindre raison sérieuse de penser que l'on aurait fourni à Chanal les lames qui lui ont permis de se saigner à blanc. Lorsque l'on constate l'acharnement des maîtres d'œuvre du procès à vouloir, à l'exception de la Présidente, que ce procès ait lieu envers et contre tout alors que l'accusé n'était pas en mesure de se défendre, il est impossible de penser que Chanal aurait été "suicidé" afin de l'empêcher de déblatérer en révélant qu'il aurait été le pourvoyeur d'un réseau chargé d'approvisionner du beau linge en chair fraîche.

Notons au passage que la thèse voulant que Le Ribault aurait fait avorter *une opération de camouflage d'un réseau spécialisé dans les crimes sexuels*, a donné lieu à des considérations délirantes du côté de l'extrême droite de sorte que le rôle de LLR dans l'affaire Chanal lui a valu une grande considération dans certains milieux mais nous verrons en temps utile ce qu'il convient de penser de certaines de ses expertises…

2003 – Novembre – LLR s'installe à Montreux en Suisse

LLR décide alors de s'installer en Suisse à Montreux. Je me souviens que quelque part LLR a accusé son compère resté en Irlande d'avoir cessé de lui verser des royalties. En réalité c'est faux ou du moins c'est arrivé bien après l'incarcération en Suisse ! Le Ribault mène une vie discrète en Suisse mais il ne vit ni dans un camping ni dans des gîtes ruraux. Duby et Jourdan nous donnent des précisions édifiantes. C'est que LLR fréquente les palaces et dès son arrestation il aura les moyens de s'assurer le soutien d'avocats fort connus et qui n'ont pas l'habitude de travailler pour la seule gloire.

2003 – Entre Verardo et LLR le torchon brûle…

Verardo est resté en Irlande, il est dans ses petits souliers. Il est à la tête d'un commerce lucratif. Mais la justice française ne va-t-elle pas lui chercher des poux sur la tête ? Il ne sait sur quel pied danser. Le mieux est d'attendre. Bien vite il se rassure et acquiert la conviction qu'on lui fichera la paix.

Sa seule préoccupation est de sauver son commerce. Le Ribault est un personnage assez invivable. Des gens qui les ont côtoyé m'ont précisé qu'ils se querellaient assez souvent.

Verardo voit là une occasion de se libérer. Les poursuites engagées contre son compère risquent de faire mauvais effet sur la clientèle. Il décide donc d'assécher LLR et se tient coi. Le divorce est consommé...

La version du "divorce" irlandais selon LLR (1)

Examinons un texte intitulé par LLR *L'ami à qui je faisais honte* :

En septembre 1999, je crée la société LLR-G5 Ltd, afin de diffuser le G5, que j'ai inventé en 1990 et commencé à diffuser en 1995. D'où le nom de l'entreprise, qui unit mes initiales à celles de ma découverte.

La datation de la prétendue "découverte" est sujette à variation. On a vue que l'année la plus souvent retenue est 1991. Les variations participent des faits montrant bien que l'invention revendiquée est complètement fantaisiste. Ailleurs, elle est indiquée comme postérieure à 1991 et sa mise au point ne daterait guère que de 1994. Bref on sait que LLR raconte à peu près n'importe quoi.

Quelques semaines plus tard, je cède cinquante pour cent de mes parts à un nommé Luc Verardo, en lui donnant pour mission de s'occuper des expéditions de G5.

"Un nommé Untel" *:* noter le caractère méprisant de la formule alors qu'ils se fréquentaient depuis une vingtaine d'années.

Le 21 octobre 1999, un premier mandat d'arrêt international est lancé contre moi par le parquet de Bordeaux, m'obligeant à me faire le plus discret possible. Pour des raisons inconnues, ce premier mandat n'est pas diffusé par Interpol.

En août 2003, un nouveau mandat d'arrêt est lancé contre moi, cette fois effectivement diffusé par Interpol. Le document mentionne que mon adresse est celle de la société LLR-G5 Ltd, ce qui me contraint à quitter l'Irlande pour un nouvel exil.

Voilà donc la véritable raison du départ de Le Ribault. Il n'était plus en sécurité en Irlande. Ce dernier gagne alors son troisième paradis fiscal. Mais choisir la Suisse comme refuge relève d'un singulier manque de jugement. Ne sait-on pas que depuis des années ce pays est sujet à de très fortes pressions. Enfin on sait que les pharmacies et certains laboratoires ont du se plier à la réglementation européenne notamment dans le domaine de l'homéopathie où s'est imposé une quasi "carbonisation" des souches de *nosodes*. Le choix était de fort mauvaise augure !

Pendant ce temps, Verardo, resté dans l'anonymat, continue paisiblement la vente du "G5" sans être inquiété le moins du monde : la justice française ne veut que ma peau, pas celle de mes sous-fifres.

Bien sûr, le silicium n'est pas en cause, il n'a jamais menacé les intérêts des grands trusts pharmaceutiques et ce ne sera jamais le cas ! Il a été récupéré en grande partie par l'industrie des cosmétiques et tout le monde s'y retrouve. Sauf Duffaut qui en est mort de chagrin !

Verardo "sous fifre" ! Ce n'est pas gentil car en tant qu'ancien préparateur en pharmacie bordelais je le soupçonne plutôt d'avoir été le principal artisan de la cohérence du laboratoire irlandais.

Mon ultime cavale ne dure pas longtemps, puisque je suis arrêté à Genève le 21 novembre 2003, extradé en France pour y être jugé le 5 février 2004, condamné à six mois de prison ferme (déjà effectués) et six mois avec sursis, puis enfin libéré le 24 février.

Lors de cette seconde incarcération, nombre d'utilisateurs du "G5" s'étaient étonnés que la société LLR-G5 Ltd ne fasse pas le moindre geste pour mobiliser en ma faveur le maximum de personnes : il eût été si simple de glisser dans chaque colis un document informant les consommateurs de ma situation, et de solliciter leur appui.

Quel appui ? Outre que la seule chose qui intéressait les clients était d'avoir leur "G5" qu'auraient-ils pu faire pour obtenir une libération ? Les choses ne pouvaient que suivre leur cours.

Ce n'est qu'après ma libération que je compris les raisons de cette apparente indifférence : en me soutenant officiellement, Luc Verardo serait apparu pour la première fois au grand jour et aurait pris le risque d'être à son tour inculpé. La seule explication qu'il osa me donner à son manque de soutien fut que "mon arrestation donnait une mauvaise image de marque de la société".

Et j'ajoute pour ma part que ce n'était pas la première foi... Ne pas oublier les démêlés avec Michel Dogna.

Si Verardo n'a pas bougé c'est que peut-être il a été effrayé par la façon dont Le Ribault a proprement liquidé Violette F. et il s'est peut-être dit que LLR allait forcément chercher à l'éliminer. Il valait mieux, dans ces conditions rester tranquille.

Reprenons le discours de LLR qui, conformément à son système de défense habituel se présente comme une victime innocente

Ça ne s'invente pas : après tout, en 1996-1997 et 2003-2004, n'ai-je pas passé six mois en prison pour défendre le "G5" ?... Et il souligne...

Après ma libération, je dois prendre une décision importante. Car il faut bien comprendre ce que signifie le sursis auquel j'ai été condamné : c'est l'assurance de retourner six mois en prison si je participe directement à la diffusion du "G5" en France.

Je démissionne donc de mon poste de directeur de LLR-G5 Ltd le 27 février 2004, afin de ne plus y jouer le moindre rôle officiel.

C'est précisément ce qu'attendait Verardo : il se trouve enfin libre de gérer la société à sa guise, sans avoir à me rendre le moindre compte.

Pour commencer, il fait la sourde oreille à toutes mes offres de reprendre mes actions. C'est ainsi que, depuis deux ans, je reste actionnaire malgré moi d'une société dans laquelle je n'ai plus aucune responsabilité.

Par contre, Verardo peut sans crainte continuer ses activités commerciales en se cachant derrière mon nom, m'exposant ainsi à de nouvelles poursuites judiciaires dont il se protège soigneusement.

Depuis deux ans, également, je n'ai jamais eu accès aux comptes de la société.

Cette analyse est douteuse car lorsque Le Ribault est revenu vivre en Bretagne des subsides versés par le fabricant espagnol de "G5" devenu concurrent du laboratoire irlandais, l'administration française n'a pas bougé.

On reprendra cette chronique après l'évocation du procès de Bordeaux.

2003 – 8 Mars – Publication du manuscrit de Duffaut par LLR

Le 8 mars, c'est à dire 8 mois près, le dixième anniversaire du suicide de Duffaut.

La publication est censée avoir été faite par trois amies de Duffaut, Sylvie Carillo, Françoise Lacroix et une certaine Marie Odile. Sylvie Carillo pourrait être une viticultrice qui a utilisé le "DNR" du temps de Duffaut. Les deux premières ont signé un crédit photographique qui n'est pas présent dans le fichier pdf publié par LLR et Amessi International.

D'autre part, la pagination de l'index thérapeutique ne correspond pas du tout à celle du texte, ce qui veut dire que Le Ribault s'est approprié une publication antérieure qui ne lui appartenait pas mais ça ne l'a pas empêché d'y apposer son propre copyright car les scrupules ne l'on jamais étouffé.

La préface de ce texte a été conçue pour servir l'image de marque de notre "héros" qui a accusé le contraste entre lui et Duffaut. Bref, ce manuscrit a au moins l'avantage de me permettre de baliser la geste de Duffaut par des dates et des précisions techniques. Je l'ai donc dépouillé pour nourrir la présente histoire.

2003 – 21 novembre à 8 h 25 – LLR est arrêté à Genève et incarcéré à Champ Dollon

Arrivé la veille, LLR a failli être arrêté au célèbre hôtel Cornavin que l'on trouve évoqué dans un album de Tintin intitulé *L'Affaire Tournesol* mais il l'a trouvé inconfortable et s'en était allé à l'hôtel *Crowne Plaza*, un modeste hôtel de préfecture de 5 étoiles en dessous de zéro…

L'incarcération ayant suivi l'arrestation à ce dernier hôtel nous vaudra un nouveau journal de détention qui célèbre la (relative) correction des prisons helvétiques. C'est pourtant un paradis en comparaison du précédant séjour bordelais à Gradignan.

C'est là qu'il rencontre Patrick Chappuis, l'ex mari de Nicoletta venu le visiter en compagnie du Dr Jean-Claude Mainguy. Ce dernier, comme ce fut le cas de LLR à Biganos, ne soigne que des pauvres gens, autrement dit des déshérités en les recavant dans des hôtels.

Le lendemain, à Champ Dollon, Le Ribault reçoit la visite d'un ténor du barreau genevois devenu son conseil suite à une rencontre quelque semaines plus tôt par l'intermédiaire d'un financier (sic) présent chez des amis communs.

Ces détails ont été donnés par les journalistes suisses, savoir Duby et Jourdan et ils n'ont jamais été contestés.

2004 – 3 février – LLR est remis à la police française et extradé

Il faut que LLR ait été particulièrement mal inspiré pour avoir cru qu'il pouvait être en sécurité en Suisse. Il semble bien en effet que l'ancien système de déclaration des fiches de clients à la police ait subsisté dans les hôtels du voisinage du Lac Léman.

Que Le Ribault qui avait tendance à voir des espions partout ne l'ait pas su, voilà qui est plutôt curieux !

2004 – 5 février – Dernier procès de LLR à Bordeaux

Le 1er février, *Le Journal dut Dimanche* évoque le *procès du Professeur Tournesol*. Un autre canard évoque un *professeur Nimbus*… Ambiance !

Le Ribault est défendu par M° Raymond Blet, un ténor du barreau bordelais. Il n'a donc pas vraiment de soucis pour "cantiner" à Gradignan et M° Blet ingurgitera de grosses lampées de "G5" devant les journalistes pour les convaincre de l'innocuité du produit.

L'association des Amis de Loïc Le Ribault a affrété des cars remplis de consommateurs de "G5". Malheureusement et d'après un témoin bon nombre de ces pèlerins auraient donné l'impression d'avoir déjà un pied dans la tombe.

Qu'importe ! Le Ribault est accueilli à son entrée dans la salle d'audience par des applaudissements nourris et la Présidente menace de faire évacuer la salle.

Soit dit en passant, ce procès aurait donné lieu à des cérémonies religieuses destinées à en conjurer les maléfices, je cite Le Ribault :

Ils, Alain Jourdan et Valérie Duby "oublient" aussi qu'au moment de mon procès, bien que tout le monde connaisse mon aversion envers toutes les religions, des cérémonies furent organisées à mon intention par des catholiques classiques ou traditionalistes et des protestants dans toute la France, par des rabins (sic) à Londres et à Jérusalem, des musulmans à Tunis, Alger et Tripoli, et des shintoïstes je ne sais plus où…

Je n'ai jamais vu nulle part la moindre allusion à cette conjuration des croyants du monde entier. Encore un bobard !

Qu'importe ces idiotiese, Le Ribault, après un défilé à la barre des anciens "clowns", était condamné à une amende de 8000 € et à des dommages aux deux Ordres, une paille en comparaison du montant des condamnations subies par Violette F. !

Quant au blanchiment à propos des accusations de tromperie, il laisse songeur. En effet, c'est bien ce procès qui a finalement révélé que le "G5" n'est qu'une vulgaire dilution d'un produit industriel hydrofuge. Le nom générique, quoiqu'un peu écorché, en a été fourni mais personne, absolument personne ne l'a relevé !

2004 – 27 février - LLR se retrouve sans le sou ! Suite du "divorce" irlandais…

LLR a déclaré avoir démissionné de toute fonction dans la société irlandaise une vingtaine de jours après le procès à Bordeaux.

Il va de soi que je ne touche pas les royalties qui me sont dues.

Soit mais il est clair que vu le train de vie que LLR a mené en Suisse, il avait beaucoup d'argent de côté dans une banque helvétique et au lendemain du procès, il retournera vivre au bord du Lac Léman accompagné d'une "ancienne concubine" dont la qualité sera finalement contestée.

Je reprends la chronique du "divorce" avec son compère irlandais là où je l'avais laissée…

Mais Verardo va encore plus loin en diffusant de faux documents (circulaires, contrats) supposés écrits par moi, sur lesquels figure une grossière imitation de ma signature !

Je n'ai rien vu de ces "faux documents" et je ne peux rien en dire sinon que lorsque les choses se gâtent les traîtres ont tendance à pousser autour de Le Ribault comme champignon après la pluie. En revanche j'ai entendu parler d'une ardoise fiscale laissée en Irlande par ce dernier. Des rumeurs invérifiables.

Tout cela, bien sûr, est totalement illégal. Mais comme Verardo ne répond à aucune des convocations que la justice irlandaise lui adresse…

Privé de toute ressources, je n'avais d'autre choix pour survivre que de signer un contrat d'exploitation du "G5" avec une société dirigée par des gens honnêtes. C'est en Espagne que je la découvris, et elle fonctionne depuis deux ans à la satisfaction générale.

Les "gens honnêtes" dont il s'agit ce sont les anciens diffuseurs du "G5" irlandais outre Pyrénées. Honnêtes ? Puisque c'est LLR qui le dit acceptons en l'augure ! Quant à l'intelligence que respire le visage d'un certain Juan Carlos, on peut se reporter à une ou deux vidéos accessibles par Google vantant le *Soriasil* et autres gadgets siliceux.

La satisfaction générale *ou presque. Parce que Verardo, lui, n'est pas content : il clame à tous vents que je l'ai spolié en signant illégalement un contrat en Espagne.*

Vous vous rendez compte ? En osant disposer à mon gré de mon nom et de mon (souligné) invention, je vole selon Verardo une société qui, en Irlande, exploite illégalement les deux sans me verser un centime !

J'ai un de ces toupets !

Le Ribault qui ne croyait pas si bien dire n'a pas compris qu'à partir du moment où il s'est proclamé inventeur historique du "G5", il est entré dans l'histoire du silicium et n'importe qui peut bien mentionner son nom sans qu'il puisse réellement protester. Quoiqu'il en soit, notre héros peut être sûr qu'après la parution de ce livre, on tendra à ficher, à son nom, une paix quasi royale…

Notons pour finir que l'avocat irlandais de Le Ribault s'appelait non pas Aleister Crowley mais Aidan. Quittons cette "abbaye de Thélème" pour évoquer d'autres acteurs en marge de cette dernière.

Le procès de Christian Cotten par LLR

Le Ribault fait ensuite le procès de Christian Cotten, l'un de ces innombrables traîtres qu'il aurait collectionnés. Certes les écrits et les exploits télévisuels de cet homme peuvent donner image négative de sa personnalité réelle car on l'a vu se déchaîner et s'exalter lors d'une émission de Dechavanne.

L'impression est bien différente lorsqu'on parle au téléphone avec cet homme qui admet la contradiction lorsqu'elle est argumentée et sait faire preuve de bon sens.

Christian Cotten a tenté de travailler avec l'Espagne mais le courant n'est pas passé et il est revenu vers l'Irlande, c'est son droit car, je le répète, il n'y a nulle part de propriété intellectuelle sur le "G5".

Les différences peuvent seulement porter sur la qualité de l'eau de départ et son éventuelle dynamisation. Un point c'est tout !

La multiplication des sites Internet de LLR

Notons que les sites créés par le Ribault autour de sa personne sont très nombreux. Ce matraquage aggravé par les radotages de ses "fans" qui ont multiplié les copié/collés à l'infini laissent une fâcheuse impression et témoignent d'un incroyable aveuglement.

Mis à part la négation systématique des propriétés thérapeutiques du *silicium organique*, personne n'a cherché les failles du personnage pourtant visibles. La superficialité des rares critiques a bien de quoi surprendre.

2004 – 27 février – Lettres de Jacques Declercq à LLR

Il vaut la peine de citer in extenso la lettre de Declercq à LLR car elle révèle bien des malversations. À propos de René Geneste dont il sera question, je rappelle qu'une explication qui dément la thèse de Le Ribault est donnée au paragraphe concernant le brevet Voisin (1989).

Monsieur Loïc Le Ribault

Redu, le 27 février 2004

Loïc,

J'ai appris que tu avais été incarcéré en Suisse et ensuite en France où tu as été jugé, suite à quoi, tu serais toujours à la maison d'arrêt de Gradignan.

Cela me donne l'occasion de t'écrire n'ayant pas eu tes coordonnées depuis longtemps.

De ce qu'il est ressorti de la presse, tu aurais fait d'excellentes affaires avec le Silanol-G5, puisque tu avais la collaboration d'une vingtaine de personnes que tu rémunérais en Irlande où tu t'es réfugié.

Je ne doute pas que tu te rappelles de la Convention que tu as signée avec moi en 1986, qui prévoit pour moi les deux tiers du Carme et de certains brevets dont le Silanol, devenu avec les perfectionnements G5. René Meulemans, qui nous a fait nous rencontrer n'ayant pas suivi, je me suis retrouvé avec les 2/3 et, dans un souci de bonne ambiance, j'ai proposé que nous soyons à 50/50 dans l'activité, et ce, sans modifier mon investissement.

Il est vrai qu'une société Suisse devait intervenir à ta demande, mais étant donné la collaboration avec la police, tu as abandonné cette idée.

Il serait trop long de retracer ici les problèmes qui se sont présentés dès l'origine : certaines de mes actions vendues à M. Sagnes, d'autres données en garantie à M. Geneste, ensuite la vente du Carme à des tiers, notamment à Messieurs Berdeu et Beraud. Tout cela, sans m'en informer.

La faillite du Carme, n'est, dans mon esprit, pas due à la seule perte de la clientèle de la Justice. L'apport que j'y ai fait, la vente du département Electronique pour un million de FF. auraient du contribuer au rendement de la société. Il y a d'ailleurs eu des négociations pour des montants très élevés.

Par contre, les frais du Carme en Bretagne, de Le Ribault Expertises et d'autres que tu as imputés au Carme de La Teste ont été catastrophiques et ont contribué à sa faillite. Tout cela, en tant que principal actionnaire je ne l'ai appris que trop tard.

On m'a rapporté que tu aurais dit à une journaliste Irlandaise que j'avais investi dans le labo et que ce n'était pas de ta faute si celui-ci était fermé. Que lorsqu'on achète des actions on prend un risque…

Comment as-tu fait pour vendre les actions du Carme alors que je suis le principal actionnaire, comme je le suis également pour les brevets, au sujet desquels tu ne m'as donné aucun compte et aucun revenu.

Tu te souviendras que lorsque tu es venu en 1997 passer trois mois chez nous, (je pense que nous t'avons reçu très amicalement) tu m'avais dit que tu venais me rembourser. Ce ne fut pas le cas…Au cours de la mise en ordre de tes dossiers, (Carme, brevets et personnels) que tu as entreposés chez moi, et que j'ai d'ailleurs conservés, tu as trouvé un document reconnaissant une dette de deux millions de FF. à mon égard. Il n'était pas signé et tu l'as fait devant moi avant de me le remettre. Bien malheureusement après ton départ "précipité " chez nos concierges, (qui t'ont fourni une carte d'identité volée) je n'ai pas retrouvé le document qui était dans mon bureau face à ta chambre !

En ce qui concerne le Silanol-G5, j'ai appris également que Monsieur Bargegli était avec M. Isnard sur le banc des accusés au procès de Bordeaux pour vente du produit. Monsieur Bargegli ne m'a donc pas menti lorsqu'il m'a envoyé copie du contrat de la vente du brevet, alors que, lorsque je t'avais posé la question, tu m'avais dit qu'il s'agissait d'un faux. Tu as donc vendu ces brevets sans informer le copropriétaire que je suis et sans me rémunérer.

Aménageant les dossiers que tu as laissés, j'ai trouvé un document concernant les pourparlers que tu as eus avec Monsieur Jandet. Tu m'as parlé à maintes reprises de cette personne fortunée, avec laquelle, selon toi, à l'époque rien n'aurait abouti. Quelle surprise néanmoins de lire, écrit de ta main :

J'ai déjà touché 1.972.740 FF.

Il s'agit en fait de la somme versée par Pascal Jeandet.

Une fois de plus je n'ai pas été informé d'une aussi bonne nouvelle !

Lors de notre première rencontre, il n'y a pas loin de vingt ans, j'ai été séduit par l'activité du Carme, alors que plusieurs membres de la justice et de la gendarmerie fréquentaient les locaux. Nous y avons d'ailleurs conduit les têtes de la gendarmerie Belge. Tout cela m'a donné confiance en toi, en ton activité, aux brevets qui figurent sur notre convention, et j'ai cru aussi en ton amitié.

Comme tu le réaliseras, je ne puis laisser les choses en l'état. Mon investissement du départ, l'achat d'un véhicule tout terrain, choisi par toi et qui a brûlé (sans aucun doute l'assurance aura remboursé le sinistre), les frais de voyages, d'avocats (dont Maître de Percin), de téléphone, les divers et le coût du temps passé, se montent avec les intérêts depuis tant d'années à des sommes extrêmement importantes.

J'ai pris patience aussi longtemps que j'ai cru que les affaires étaient difficiles. Je suis déçu d'apprendre maintenant ce que tu as encaissé sans m'en parler. Tu as très bien gagné ta vie, et je souhaiterais que tu me fasses une proposition pour la récupération de mes dépenses, pour le remboursement des sommes que tu as gardées, et pour les bénéfices qui me reviennent en tant qu'associé.

Comme tu n'en doutes certainement pas, je détiens tous les documents qui justifient ce que j'avance à titre d'aperçu dans la présente. Tu le sais mieux que moi il y a de nombreux autres sujets qu'il faudra éclaircir.

A titre d'exemple, je joins à la présente la copie de la convention de 1986, ainsi que celle du document par lequel tu reconnais avoir reçu la somme de Monsieur Jandet.

Je ne doute pas que tu auras à cœur de faire preuve d'honnêteté et de correction.

Comme tu le reconnaîtras, j'ai fait preuve de patience. Veux-tu me répondre dans les meilleurs délais ?

J'espère que les conditions dans lesquelles tu te trouves ne te sont pas trop pénibles. Dis-toi que ce n'est qu'un moment peu agréable à passer et pour lequel tu riras sans doute dans quelques années. Dommage que nous n'ayons pas persévéré lors de ton séjour chez nous dans l'étude et les contacts pour la vente du G5 comme complément alimentaire, ce qui est tout à fait légal.

Bien à toi,

Tout cela se passe de commentaires. On ne fait qu'entrevoir une partie des manigances autour du C.A.R.M.E. mais c'est bien suffisant.

LLR a répondu à ce courrier le 7 janvier 2007 : Il soutient que son partenaire étant actionnaire du C.A.R.M.E., il aurait du payer 3 000 000 de Francs au curateur ! Et il lui reproche finalement de n'avoir pas cru au "G5" de sorte qu'il aurait manqué d'être multimillionnaire. Il s'en prend finalement à sa "fidèle amie" Gisèle Gygax devenue pour la circonstance *hystérique sans cerveau...*

Voici à présent, la réponse faite par son bailleur de fonds :

Loïc,

Le mail que tu m'as adressé m'est bien parvenu.

S'il est vrai que tu manies bien la plume, tu es loin d'avoir les mêmes dispositions en ce qui concerne la gestion d'une entreprise. Il suffit de lire les inepties dont tu fais état pour réaliser l'ampleur du désastre de tes connaissances en la matière.

Je rétablis donc succinctement la vérité dans l'espoir que tu puisses l'"assimiler".

La convention de 1986 portait avant tout sur un prêt de un million de francs français que j'ai octroyé à toi personnellement.

Il avait été en plus prévu que les actions du Carme et les brevets détenus tant par le Carme que par toi-même soient cédés à une société Carme Suisse (Fribourg) dont tu détiendrais 1/3 des actions.

J'ai donc créé la société Suisse à Fribourg mais tu as refusé d'y mettre les actions du Carme France, et les brevets, et ce, malgré les interventions de Maître de Percin. J'ai vite saisi le réel motif… que des malhonnêtetés, et notamment, 5 % des actions vendues entre-temps à Mr Sagnes. Lorsque je suis venu à La Teste à une Assemblée Générale, je n'ai pu y assister, les actions que je devais représenter étant déjà nanties à Monsieur Geneste.

Et si d'aventure j'eusse été propriétaire des actions, aurais-je du admettre qu'un Carme Bretagne soit créé et soit entièrement à charge de celui de La Teste. Que l'important département "Electronique", pourtant très bénéficiaire, soit vendu à une autre société pour un million de FF alors qu'il semblerait que cette somme ne serait jamais rentrée dans les comptes du Carme. Ou encore créer à ton profit des sociétés directement concurrentes au Carme (Gaël, Futurax…) Je m'arrêterai là, car il y aurait un livre à écrire sur ces faits pervers dont tu as profité en tenant compte de mon éloignement.

De plus, je ne me suis jamais considéré comme actionnaire du Carme, d'autant que j'ai constaté qu'en 1991, le Carme était notamment la propriété de Mrs Bernard Berdeu et Sudreau Beraud. Jamais il ne me fut demandé de vendre les actions que j'aurais détenues. Il paraîtrait même que tu aurais racheté les actions par la suite. Idem également en ce qui concerne le Silanol, dont tu as vendu le brevet à Mr Bargigli ; et lorsque je t'en ai fait le reproche, tu m'as dit que le contrat était un faux.. N'empêche, il s'est retrouvé dans le même box que toi au prétoire de Bordeaux. Tu as même touché de Monsieur Jandet 1 972 740 Francs Français dont tu as eu soin de ne pas m'en informer.

Je te signale que ton mail fait état à la cinquième ligne de "dépôt de bilan", et à la ligne suivante de "liquidation". Il faut que tu apprennes que ce sont deux notions bien différentes. Et de toutes façons dans aucun des deux cas il n'est demandé aux actionnaires de payer le passif de la société, spécialement pour moi qui n'ai jamais eu aucun rapport avec la société.

Cela dit, en cas de faillite frauduleuse, on peut faire appel aux actionnaires malhonnêtes, c'est ce qui se serait passé en ce qui te concerne ; nul besoin de me renseigner au Tribunal de Commerce de Bordeaux, cela a été fait à l'époque.

A l'avenir avant d'émettre pareilles âneries prend un peu plus d'informations.

Quant à la suite de ta note, elle n'est pas plus crédible. J'ai une notoriété et je n'ai pas pour règle de transgresser la loi. Sans doute aurais-tu souhaité que je sois aussi arrêté à la frontière comme l'homme de peine et son épouse qui travaillaient chez nous et chez qui tu t'es réfugié, (te sentais-tu plus à l'aise dans ce milieu là ?). Lorsqu'il a été pris, menottes aux poings il n'a rien trouvé de mieux à dire, qu'il était envoyé par moi, ce qui a fait bien rire le juge.

Je n'ai aucun respect pour les gens de ton espèce qui sont ou ont été en prison.

Enfin, les personnes dont tu évoques le nom dans ta note ne me sont pas très connues. Certes j'ai rencontré Madame Gygax que tu m'as demandé d'inviter ici, pour qu'elle vienne chercher ton chien, Je sais que tu as été chez elle ensuite, mais je ne l'ai plus jamais revue. Mr Fahy, même chose, ainsi que Madame F. chez qui Didier a été chercher ton chien et comme tu me l'avais dit t'avait si bien reçu lors de ta sortie de prison. Fait du hasard, toutes ces personnes je les ai vues mentionnées sur un de tes sites comme "escrocs".

Quant à Monsieur Abbey, je ne l'ai jamais rencontré. Sans doute est-il informé par Madame Gygax, qu'il connaît, je crois et qui n'ignore pas ton attitude à mon égard, mais de plus il semblerait que tu aies de sérieuses dettes à son égard.

Les gens de la Tribune de Genève je ne les connais pas, et quoi qu'il en soit, ce que eux ou d'autres pensent de moi ne m'importe pas.

Contrairement à tes dires, et pour répondre à la bassesse de l'introduction de ta lettre, j'assimile très bien ce qui doit l'être.

Tes innombrables mensonges et ta facilité à retourner tes actes odieux à ton avantage font que, à terme, tu crois ou à tout le moins tu t'en persuades, détenir la vérité. Par conséquent si ton cerveau malade est embrumé, tu ne peux en tenir rigueur qu'à toi-même et non aux autres.

Mon expérience avec toi m'a appris que ta malhonnêteté et ta mauvaise foi sont sans limites, poussant ta perversité à déblatérer à souhait ceux qui t'ont tendu la main.

"On n'est jamais sali que par un sale pot" ou encore "faites du bien au vilain, il vous crache dans la main", sont des adages qui semblent avoir été écrit pour toi !

La police et les juges, sans cesse au Carme à l'origine, m'ont donné confiance, mais j'avais compris avant que ceux-ci ne t'aient laissé choir comme un moins que rien.

Tout ces griefs à ton égard, je te les ai dis et écris à maintes reprises, mais tu n'as jamais eu le courage de répondre. Je détiens copie de tous ces documents, ainsi que les archives du Carme et les tiennes que tu es venu porter avec ton ami taximan (que tu n'as d'ailleurs jamais payé).

En résumé, par,la présente, je te met officiellement en demeure de me rembourser le prêt de 1 000 000 de Francs Français (150.000 €) que je t'ai consenti en mai 1986, ainsi que le véhicule Peugeot 4 X 4 100.000 F.F.(15.000 €) que tu avais mis à la disposition de ton petit ami. En plus je désire récupérer les frais d'avocat, de voyages et des frais divers que j'ai déboursés dans cette affaire que j'estime à ce jour à 85.000 € le tout augmenté des intérêts de 12 % l'an depuis 1986.

Au total 250.000 € x 12 % X 20 ans soit 600.000 Euros.

Comme tu m'as dit que tu étais riche maintenant cela ne doit pas te poser de problème, à moins que cela ne t'empêche une fois ou l'autre de taquiner le barracuda....

A défaut je te poursuivrai sans relâche et par tous moyens disponibles jusqu'au paiement intégral de ta dette. Fais moi confiance, je suis décidé.

J. D.

Le Ribault devait mourir à peine 6 mois plus tard et de l'argent appartenant à Le Ribault dormirait toujours en Suisse ou à Jersey.

Il se murmure que LLR aurait toujours un compte à la Lloyds Bank PLC PO. Box 160 New Street St Helier Jersey APC JE4 Brg. (A/ C N° 3610685. Code de l'agence. 36-94-6) et que ce compte serait toujours créditeur. Il m'est impossible de vérifier cette information. Même chose pour le compte à la AIB Bank. rue Main, Swinford, Comté de Mayo Irlande (A/C N° 25801012. Branch code 93-72-66). La liste n'est sans doute pas complète. Il existe forcément un ou plusieurs comptes en Suisse.

2004 – LLR retourne en Irlande pour "régler ses affaires"

Il aurait mis sa maison en vente et aurait tenté de régler le contentieux avec Verardo...

2004 – Mars – Maître Chemla et l'"expertise tuée" de LLR

En page 194, Maître Gérard Chemla, défenseur des parties civiles dans l'affaire des disparus de Mourmelon, nous livre, dans *Chanal : la justice impossible, enquête à charge,* quelques appréciations sur LLR. Évoquant la révolution des mœurs judiciaires due à un *géologue malin* (sic) l'auteur en vient aux erreurs commises par Le Ribault en faisant remarquer que l'on avait de bonnes raisons de créer les LIPS car les expertises de LLR coûtait fort cher tandis que ce dernier avait *pris la grosse tête et perdu le sens des réalités.*

Absence de "marqueurs spécifiques"

Concernant la fameuse expertise de la terre où fut découverte le corps de Trevor O'Keefe, Chemla a livré un détail que je n'ai vu nulle part, à savoir que la terre en question était *très commune.* Voici, pour éviter toute équivoque les termes exacts de l'expertise ayant ruiné les affirmations de Le Ribault :

Conclusions de M. Claude Galey et Mme Valérie Gouetta du LIPS (Laboratoire de Police Scientifique) de Toulouse :

"Les résultats des examens et analyses du prélèvement effectué sur la pelle de Pierre Chanal sont voisins de ceux observés avec les prélèvements effectués sur le lieu de découverte du cadavre de Trevor O'Keefe".

Néanmoins, "la faible quantité de terre recueillie sur la pelle et l'absence de marqueur spécifique ne permet pas de conclure sur l'origine commune ou non de ces prélèvements."

Par ailleurs, "les prélèvements effectués sur les lieux où Pierre Chanal dit avoir utilisé sa pelle présentent des caractéristiques macroscopiques, minéralogiques et chimiques différentes de ceux de la pelle et du lieu de découverte du cadavre".

Voir : http://www.disparusdemourmelon.org/documents/rapports.htm

En conclusion, les échantillons comparés étaient constitués d'une terre certes *très commune*, ce qui constitue un handicap, toutefois et en définitive l'absence de "marqueurs spécifiques" n'autorisait pas les conclusions par trop formelles de Le Ribault sur l'origine identique.

De là à se demander si ce dernier n'avait pas des raisons personnelles de forcer ses conclusions alors qu'il aurait du se borner à se déclarer dans l'impossibilité d'affirmer quoique ce soit, il n'y a qu'un pas.

Le Ribault, ne s'est pas simplement trompé, ce qui eut été pardonnable mais il a délibérément falsifié ses conclusions, ce qui n'est pas du tout la même chose. Quant aux raisons personnelles, elles pouvaient être de deux ordres : refus d'un constat d'impuissance impliquant ses limites et désir d'être celui qui allait livrer la tête de Chanal aux parties civiles. Et il avait des raisons pour cela...

2005 – Février – Les observations de Maître Buffard

C'est Maître André Buffard, ex avocat de Chanal qui a enfoncé le clou, je cite :

Loïc le Ribault a été le "must" des experts français [...] *Tellement infaillible que lorsqu'on arrête les membres d'Action Directe et que l'on trouve une arme ayant appartenu à Max Frérot et pouvant être à l'origine du meurtre du général de gendarmerie Delfosse, on lui confie l'engin pour qu'il puisse comparer l'intérieur du canon avec la balle retrouvée dans la tête du défunt militaire. Loïc Le Ribaul dépose bientôt un rapport de plusieurs dizaines de pages au terme duquel il conclut de façon irréfutable que c'est bien l'arme qui a tiré.*

Malheureusement, l'enquête a démontré en fait, que cette arme n'a été volée que plusieurs mois après la mort dudit général chez un collectionneur en Suisse. Patatras ! La science expérimentale et Loïc le Ribault en prennent un coup…

Point n'est besoin de commentaire car ce ne sont probablement que deux fautes graves parmi d'autres qui resteraient à découvrir !

2005 – Parution de "Loïc le Ribault "savant maudit" ?"

Ce sont deux journalistes suisses, Valérie Duby et Alain Jourdan qui posèrent la question dans un livre paru chez Favre.

Ce livre donne quelques informations précieuses et introuvables ailleurs. Cependant les auteurs n'ont rien vu en ce qui concerne la fable du "G5" et ils ont outrageusement brodé au sujet d'une prétendue appartenance de LLR à l'extrême droite. Voyons cela !

Loïc Le Ribault et l'extrême droite

Il faut le dire clairement : les trois derniers chapitres de ce livre avant l'épilogue sont à rejeter purement et simplement.

Le chapitre intitulé *Récupéré par l'extrême droite*, n'est qu'un tissu d'amalgames dont le modèle est devenu classique. On trouve en bout de course les sempiternelles allusions aux rôles supposés du très catholique Massimo Introvigne et du très luciférien Christian Bouchet, le fondateur ou du moins le continuateur d'un "OTO" (*Odre Templi Orientis*) alors que rien n'indique que Le Ribault ait approché de près ou de loin ces personnages. On le siat il fuyait les religions et les sectes !

Le Ribault était un solitaire plutôt "anarchiste" et homme très à gauche capable à ce titre d'inventer des formules assassines mais cela n'a rien à voir avec une quelconque intolérance !

Quoiqu'il en soit, il faut rendre hommage aux auteurs de s'être refusés à se faire les portes parole de rumeurs particulièrement malveillantes. Abstraction faite de la thèse des implication à l'extrême droite, leur conclusion me parait juste :

Le Ribault chasse ses névroses en fuyant la banalité, les enfants qu'il n'aime pas[42] *et les femmes trop envahissantes. L'ancien expert est parfois lucide* (…) *Le Ribault est un anarchiste avec tout ce que cela sous-entend de contradictions. Il est "inclassable".*

"Récupéré", LLR l'a été d'une certaine manière mais de là à vouloir en faire un complice de l'extrême droite, c'est franchement excessif ! En vérité, LLR a accepté toutes les aides qui lui ont été proposées car il s'était complètement isolé et n'avait pas d'autre choix ! En outre, c'était avant tout une personnalité égocentrique, ce qui exclut toute espèce d'engagement politique sans un groupe créé par d'autres !

2005 – Les derniers voyages de LLR

Le Ribault serait retourné à Antigua mais il dit y avoir attrapé *froid à l'âme*. Il est question de sept mois passés au sein du Sultanat d'Oman. On ne sait pas trop ce que LLR y a fabriqué mais il en est revenu pour s'installer dans le pays de ses ancêtres.

2006 – Mai – LLR rejoint sa Bretagne natale

Le "G5" espagnol rapporte gros et le Ribault s'installe au Grand Hôtel Barrière de Dinan qui sera son avant dernière demeure.

2006 – Dépôt de la marque "Silicium Organique Glycan 5 Si-Glycan-5 Si-G5" (Marque française)

Le premier dépôt mentionnant un "G5" appartient donc au Dr Assoun qui était alors domicilié à Marseille. Aucun dépôt au nom de Le Ribault qui soit antérieur ! C'est l'un des nombreux indices allant dans le sens de l'absence de toute innovation technique. Un dépôt de marque n'est pas ruineux et il est vraiment étonnant que LLR n'ai pas pensé à protéger le nom de sa prétendue "invention".

2007 – Février - Le test de "Pratiques de Santé"

Il y aurait beaucoup de chose à dire sur cette revue et sur ses principaux acteurs. Allons à l'essentiel !

Premièrement, on ne peut comparer que ce qui est comparable et des siliciums colloïdaux ont été mélangés à des siliciums organiques de sorte que tout est faussé dès le départ. Enfin le "G5" espagnol l'emporte seulement d'une très courte avance.

Mais cela ne veut strictement rien dire car le genre de test pratiqué sur des végétaux ne permet pas une quantification rigoureuse des différences. Des disparités peuvent intervenir pouvant être d'origine géo pathogènes etc.…

Le Ribault aurait du se taire et s'estimer heureux du résultat. Au lieu de cela il a réclamé un *droit de réponse* qui l'a enfoncé !

En effet, des *parabens* ont été trouvés dans le "G5" espagnol. Par inadvertance il y a eu erreur quant à la photo utilisée pour ce dernier. En faisant observer que la photo était celle du "G5" irlandais, Le Ribault s'est ridiculisé. De son côté le labo espagnol a répliqué en prétendant qu'à partir d'une certaine date les conservateurs ont été supprimés de son "G5" mais il a été prouvé que l'échantillon testé est postérieur à la date fournie de sorte qu'il y a eu mensonge délibéré et en mentant ses dirigeants ont perdu toute crédibilité.

Le problème des "parabens"

Le seul mérite de cette étude c'est d'avoir posé le problème des *conservateurs*. La question est *peut-on se passer de conservateurs* ? Verando est très clair : il a répondu négativement et a distingué des *parabens* innocents tout en mettant ses visiteurs en garde contre le fait que l'extrait de pépins de pamplemousse qu'utilisent certains fabricants ne serait pas efficace. Or je ne suis pas convaincu que des conservateurs soient nécessaires. Certains fabricants sont bien parvenus à s'en passer.

2007 (24 mai) – Dépôt de la marque "Silicium G5"

Déposant : Hierro Pilas, Pérez Fernandez. Le Ribault était sur le point de mourir, c'est alors la firme espagnole qui dépose.

2007 – 7 juin – Décès de Loïc le Ribault

Le décès de LLR est entouré de beaucoup de mystère. On ne dispose que de deux témoignages, celui du Dr Groussac et celui d'Emilia Masson.

Voir http://www.altermonde-sans-frontiere.com/spip.php?article5573

Le témoignage d'Emilia Masson paru dans l'*Ere Nouvelle* n° 182 de Pierre Lance était disponible sur Internet. Il a disparu juste après une prise de contact par email de votre serviteur avec son l'auteur. Heureusement, j'ai conservé une sauvegarde des pages en question que je pourrais produire en cas de contestation.

Les dires du Dr Groussac au sujet du Dr Godard

Mme le Dr Groussac est manifestement très paranoïaque. Il suffit de consulter ses écrits pour s'en rendre compte. A l'en croire, le fameux Dr Godard, un médecin breton disparu en mer de façon assez mystérieuse, aurait été assassiné par des militaires appartenant aux services secrets français[43] sur ordre du lobby vaccinaliste dans le but de faire un exemple bien susceptible de terroriser ceux qui voudraient pratiquer ou seulement faire confiance aux médecines alternatives.

J'avoue que l'hétérodoxie de l'intéressé qui aurait commis le crime de pratiquer *la micro immunothérapie diluée et dynamisée* ne m'avait pas franchement sauté à la figure… Je ne me souviens pas que les médias aient mis l'accent sur le caractère "alternatif" des pratiques du Dr Godard ni qu'ils aient souligné qu'il aurait été contre les vaccinations.

De très nombreux médecins sont hostiles aux vaccinations et ils le font savoir plus ou moins discrètement mais ils n'ont pas été pour autant assassinés.

Résumé des circonstances du décès de LLR

LLR qui vivait très confortablement de ses royalties espagnoles au *Grand Hôtel Barrière* de Dinan aurait été hospitalisé pour une chimiothérapie en relation avec son *cancer de la langue* survenu comme salaire de ses nombreux mensonges.

Il y serait arrivé avec un téléphone portable (dont l'abonnement aurait été au nom de son mandataire suisse, le dénommé Patrick Chappuis) et "Arthur" son ordinateur portable.

Durant son séjour, il aurait été injoignable, son abonnement téléphonique aurait été suspendu plusieurs jours durant et il serait demeuré sans lien avec l'extérieur.

Les dernières personnes à avoir vu sa dépouille ont prétendu qu'il aurait été roué de coups jusqu'à ce que mort s'ensuive. Ses proches, de concert avec l'administration de l'hôpital auraient magouillé pour obtenir la crémation du corps afin d'effacer toute traces des voies de faits que l'on dit avoir constatées, photos à l'appui.

On aurait fait appel à une certaine Laurence Bouffard de Bordeaux qui se serait présentée comme étant la *concubine* de LLR afin de signer l'autorisation de crémation. Voir plus loin pour le détail.

Enfin, on apprend par le même Dr Broussac qu'avant de mourir, Le Ribault était sur le point d'acheter un château, savoir le château de Bas Miniac dans le Morvan. Un gros morceau en vérité puisqu'il s'agit d'une affaire pouvant héberger des réceptions jusqu'à 600 personnes !

http://www.chateau-de-miniac.abcsalles.com/prive/fr/fiche.php?n=6608

D'après Emilia Masson, à supposer que l'ordinateur portable de LLR ait été allégé de son disque dur par son ou ses agresseurs, il se serait finalement retrouvé entre les mains du châtelain en faveur duquel Le Ribault est censé avoir signé un compromis de vente. Même chose au sujet d'un 4x4 Toyota acheté peu avant son hospitalisation par LLR. Enfin le même châtelain aurait rapatriée une *Rolls-Royce* demeurée, non point à Jersey, mais en la verte Eyrin.

Bien entendu, la thèse qui prévaut parmi les proches de LLR et ses amis est que ce dernier aurait été victime d'un crime d'État.

A propos de la "fausse concubine"

Je cite Broussac : *Ont signé la crémation une certaine Bouffard, qui se faisait passer pour la concubine de Loïc, lequel était homosexuel*[44] *et habitait au Grand Hôtel Barrière de Dinard alors qu'elle habite Bordeaux.*

Le livre de Duby et Jourdan nous apprend que Laurence Bouffard n'est pas sortie comme un diable d'une boîte seulement en juin 2007. Elle a bel et bien partagé la vie de Le Ribault lorsqu'il était à La Teste et s'est est rapprochée de nouveau dès qu'il a quitté l'Irlande pour la Suisse.

Le vol du disque dur d'Arthur, l'ordinateur portable

J'ai bien des raisons de croire qu'il s'agit tout simplement d'une invention. Il n'est guère aisé de démonter le disque dur d'un portable en un tournemain. En revanche, il est facile d'emporter ce genre d'appareil en toute discrétion. Il suffisait que le meurtrier se soit présenté avec une serviette ou un attaché case. Si LLR avait été tué, l'auteur du crime n'aurait eu aucune raison de finasser.

Le fait que "Arthur" serait réapparu au château de Bas-Miniac ne permet guère d'ajouter foi à cette histoire de vol de disque dur.

La rupture momentanée de l'abonnement téléphonique

Il semble que l'on ait interrogé le fournisseur de l'abonnement et qu'il ait répondu que le contrat était au nom de Patrick Chappuis et que ce dernier avait le pouvoir de l'interrompre. Là encore, on n'a que des rumeurs qui ont l'inconvénient de faire porter les soupçons sur ce personnage qui pourrait avoir été le détenteur d'un compte bancaire suisse abritant le magot de Le Ribault. On parle de son homme d'affaire.

La thèse du crime d'État

Je dois écarter cette thèse car la condamnation de Le Ribault à l'issue du procès survenu en 2004 a suffi à apurer le contentieux existant entre LLR, le Ministère de l'Intérieur et la Gendarmerie. En outre si des tueurs avaient été mis à ses trousses, ils auraient eu maintes fois l'occasion d'opérer en l'attendant discrètement aux abords de son hôtel.

Témoignage :

LOÏC LE RIBAULT

Dernier acte d'une tragédie de vie

par Emilia MASSON

Introduction de Pierre Lance

Retenu à Cannes par des travaux urgents, il ne me fut pas possible de me rendre à Saint-Brieuc le 12 juin 2007, pour assister à la crémation de Loïc Le Ribault, comme je l'aurais pourtant souhaité. J'y fus représenté par mon ami Michel Bogé, fondateur et premier président de l'Association Internationale des Amis de Loïc Le Ribault. Michel, ainsi que Jean-Paul Le Perlier, me firent de cette journée un compte-rendu sommaire dont certains détails ne manquèrent pas de m'intriguer. Par la suite, plusieurs conversations téléphoniques avec Emilia Masson me convainquirent que nous ne pouvions pas laisser nos lecteurs, qui ont suivi dans nos colonnes toutes les péripéties de "l'aventure Le Ribault", dans l'ignorance des faits qui ont entouré le décès prématuré de l'inventeur du G5. Aussi écrivis-je à Emilia Masson la lettre suivante :

Chère Madame Masson,

Sachant tout l'intérêt que vous avez porté aux travaux de Loïc Le Ribault, sachant que vous avez assisté à sa crémation à Saint-Brieuc, et connaissant la précision scientifique que vous apportez à vos propre travaux, qui font de vous l'une de nos archéologues les plus talentueuses, je viens vous demander si vous accepteriez de rédiger pour les lecteurs de L'Ere nouvelle *un compte-rendu détaillé de tout ce que vous avez pu connaître des derniers jours de Loïc. Je sais que vous avez effectué une véritable enquête autour de ce douloureux évènement. Merci de bien vouloir nous faire profiter de ses résultats, qui auront sans doute des prolongements.*

Bien à vous. Pierre Lance

Nos lecteurs trouveront donc ci-après le témoignage rédigé à ma demande par Emilia Masson. D'origine serbe, devenue française par mariage, c'est une femme de caractère qui ne mâche pas ses mots, car elle aime avant tout la clarté, la probité et la transparence. P.L.

Zaklela se Zemlja Raju
da se sve tajne saznaju
«La Terre a juré au Paradis que
tous les secrets seront sus.»
Proverbe serbe

J'ai connu Loïc le 3 avril 2005. C'est dire depuis peu. C'est dire que je n'ai assisté à aucune des aventures ou mésaventures qui ont jalonné son parcours. Mais je l'avais suivi de près pendant ces deux dernières années de sa vie. Suivi même à distance. Personnalité complexe inhérente aux hommes d'exception, marquée par les coups du destin ou encore par ceux dont il fut l'orfèvre, en proie aux tensions extrêmes dues à des conflits avec le monde extérieur mais peut-être encore plus à ceux qui le dévoraient de l'intérieur. De ce tourment, son regard se faisait le reflet fidèle. Etre à tiroirs comme nous tous mais au nombre plus grand que le commun des mortels. Pour ma part, je tirais surtout ceux de son génie et de ses compétences. Ayant fait appel à ses qualités de sédimentologue, je découvrais avec fascination la rapidité de son raisonnement comme sa maîtrise en la matière : en guide sûr, il a orienté mes recherches vers de belles découvertes.

C'est en mars 2006 que la maladie se signala dans sa mâchoire inférieure. Le cancer fut détecté assez rapidement mais déjà trop tard.. Dès octobre 1006 Loïc m'annonçait *«un cancer avec des métastases»*. En janvier 2007 il a renoncé in extremis à une opération qui devait avoir lieu en Suisse justifiant que *«la tumeur se rétractait»*. A tort ou à raison...

Discret en général, il l'a été aussi au sujet de sa maladie. Malgré des périodes de découragement, il n'a, me semble-t-il, jamais perdu l'espoir de déjouer une fois de plus la mort.... L'achat d'un 4x4 Toyota quelques mois à peine avant le passage de la Faucheuse et surtout l'acquisition, partielle ou complète, du château du Bas-Miniac témoignent qu'il demeurait tourné vers l'avenir.

C'est à partir du dimanche 27 mai 2007, que les accusés de réception des SMS sur mon téléphone portable m'indiquaient la coupure du sien. Il s'agissait d'une ligne suisse dont le propriétaire - je devais le découvrir alors - était en réalité son homme d'affaires nommé Patrick Chappuis.

Loïc Le Ribault à Montreux, au bord du lac Léman, en juin 2005
(Copyright Emilia Masson)

18 *L'ERE NOUVELLE N° 182 - janvier-février 2008 - BP 171. 06407 Cannes cedex - Tous droits réservés*

Cet article est resté longtemps sur le site d'Emilia Masson puis il a promptement disparu quand j'ai pris contact avec l'auteur...

Enfin et surtout, Le Ribault avait abattu toutes ses cartes et il ne pouvait plus nuire à quiconque et parmi les "dossiers" originaux qui m'ont été légués, il n'y a rien qui n'ait point déjà fait l'objet d'une publication antérieure.

Les thèses subsidiaires

Il reste finalement trois possibilités :

1) Un accident mortel résultant d'une crise de *delirium tremens* qui aurait suscité la panique du personnel hospitalier et la décision, en accord avec certains proches, de recourir à une crémation pour effacer toute traces des contusions accidentelles.

2) Un assassinat perpétré par l'un ou l'autre des proches pour s'approprier un magot appartenant à LLR.

3) Un règlement de comptes de la part d'un ou plusieurs "gigolos" qui auraient profité de l'hospitalisation de LLR pour se venger de lui parce qu'il se serait estimé mal payés pour d'éventuels *services à la personne.*

Je n'ai mentionné l'option 3) que par souci d'exhaustivité mais je n'y crois pas.

La thèse du crime commis par l'un des proches

Le mandataire était un dénommé Patrick Chappuis et il s'agit bien de l'ex-mari de la chanteuse Nicoletta et ce Franco-suisse aurait aidé Le Ribault depuis son arrestation à Genève.

Il semble bien établi qu'il a fait couper l'abonnement au téléphone dont bénéficiait Le Ribault de sorte que rien n'est clair dans cette histoire.

La thèse d'une crise mortelle de *delirium tremens*

Cette thèse à été évoquée par l'auteur du second témoignage qui est le plus mesuré : il s'agit d'Emilia Masson spécialiste au CNRS - Collège de France des civilisations anciennes de la Méditerranée et du Proche-Orient. Son compte-rendu fait quatre pages.

Le point important est que le témoin affirme avoir vu des photos de la dépouille de LLR, je cite :

C'est seulement un mois plus tard que Juan Carlos Hierro, fabricant et vendeur espagnol du "G5" agréé par Loïc, a remis à M. Laurent Martin Demaretz (de Maillarbois) les trois photos qu'il avait prises le 10 juin. Par chance avant la toilette du défunt. Les avis des trois médecins consultés, dont un légiste assermenté auprès du Tribunal pénal de la Haye, concordent : ces photographies montrent que Loïc aurait été victime d'une agression suite à laquelle, il a reçu des soins. Le pansement de gaze sur son oreille droite en est la preuve sans équivoque.

Ces photos ne prouvent nullement la thèse d'une agression. Il peut ne s'agir que des blessures dues à une chute et le fait qu'on ait voulu les soigner n'implique aucune malversation à priori.

On a avancé la thèse d'une crise de *delirium tremens* du au sevrage résultant du séjour hospitalier, crise au cours de laquelle LLR se serait blessé. C'est Brassart, le propriétaire du château qui aurait avancé la thèse de l'accident. Je cite :

Victime d'une crise de delirium tremens, Loïc se serait débattu, on aurait du l'attacher au lit, il serait tombé quand même. Il se serait blessé en tombant. A 7 heures du matin on aurait découvert sa dépouille gisant par terre, derrière la porte de sa chambre.

Ce qui est étonnant, dans cette version, c'est que le personnel médical n'ait pas trouvé le moyen de calmer la crise car ce ne sont tout de même pas des proches qui auraient attaché Le Ribault dans son lit. En revanche, on peut supposer que la relation qu'on possède a été arrangée pour écarter l'hypothèse la plus probable, à savoir que LLR aurait fait sa crise tout seul, en pleine nuit, sans avoir pu être attaché et qu'on l'aurait découvert mort au petit matin.

Enfin, il semble établi que Le Ribault a donné des signes d'agitation dès le début de son hospitalisation et le Dr Broussac a témoigné d'une certaine panique de la part du personnel hospitalier de sorte que la thèse d'un défaut de surveillance et d'une faute professionnelle est ce que l'on peut retenir comme étant la solution la plus plausible car il est établi que Le Ribault était devenu alcoolique.

J'ai interrogé le Parquet de Dinan sans obtenir de réponse.

2007 – 3 octobre – Dépôt par LLR-G5 de la marque "G5" (marque internationale)

Déposant LLR-G5 Limited. LLR n'est plus de ce monde ! Vérardo qui est resté seul à la tête de la boutique irlandaise se réveille et essaie de réserver ses droits mais la fiche de l'INPI mentionne divers refus ainsi qu'une cessation des effets de protection pour l'Irlande au 28 novembre 2008.

2007 – 3 octobre – Dépôt de marque "Silicium Organique G5" (Marque internationale)

Déposant Glycan Pharma, Suisse. Nouveau dépôt donc du Dr Assoun par l'intermédiaire d'une société de droit suisse. Plusieurs oppositions figurent dans la fiche…

2007 – 29 octobre – Dépôt de marque "G5" accompagné d'un logo vert (Marque communautaire)

Déposant Hierro Pilas, soit un nouveau dépôt de la firme espagnole.

2007 – 30 octobre – dépôt de la marque "Silicium Organique G5 – Glycan 5 – Si-Glycan-5- Si-G5" (Marque Internationale)

Déposant Glycan Pharma Suisse. Dernier dépôt connu du Dr Assoun avec mention de divers refus.

2008 – 26 février – G7 (Marque communautaire)

Déposant : Pérez Fernandez. Ce dépôt est finalement le seul à n'avoir suscité aucune concurrence tandis que tous les dépôts concernant le "G5"sont problématiques, le Dr Assoun qui arrive en tête s'étant borné à une marque française.

2008 – 12 novembre – Le procès du meurtre du berger de Castellar tourne au fiasco

Le 18 novembre, *Le Figaro* note ceci :

En effet, les prélèvements opérés sur les avant-bras des suspects ne permettent pas de conclure que l'un d'eux est l'auteur des coups de feu. Réalisés trop tard, conservés dans des conditions abracadabrantes ou mal interprétés par Loïc Le Ribault, jadis vedette du microscope électronique et aujourd'hui décédé après avoir eu maille à partir avec la justice, ces "tamponnoirs" n'ont pas parlé.

Et encore :

"Un nuage de particules flottait sur Castellar", résume le président. "On a voulu faire dire trop de choses aux résidus de tir dans cette affaire" avait noté un expert sérieux, chargé de remettre de l'ordre dans les raccourcis de M. Le Ribault. A tous les sens du terme, ce nuage de poudre empoisonne encore l'air du village…

Ainsi de l'affaire Chanal à l'affaire de Castellar, Loïc Le Ribault semble avoir été coutumier des "raccourcis". Même post-mortem, ils coûtent encore fort cher à la Justice…

Déjà en octobre 2007, le même journal avait noté :

17 août 1991. À cette date, le gourou de l'expertise scientifique s'appelle Loïc Le Ribault. Nombre d'énigmes fameuses ont subi l'épreuve de son microscope à balayage électronique.

M. Le Ribault scrute donc les "tamponnoirs" et rend son oracle : il découvre des résidus de tir sur Alain, l'oncle de Jérôme, sur Paul, mais pas sur le fils de celui-ci.

Il omet hélas de rendre les scellés au juge qui, en 1992, se voit contraint d'ordonner - commission rogatoire inouïe - une perquisition pour récupérer ces pièces capitales stockées dans un garage. Le procès-verbal, rédigé de "manière indigne" selon le président, est signé par la mère octogénaire du gourou du micro. Celui-ci est aujourd'hui recherché par la justice, pas pour édifier les jurés mais pour répondre de malversations financières supposées…

Un chimiste assermenté, Claude Galey, a de nouveau analysé les prélèvements, en 2001 : "On a voulu faire dire trop de choses aux résidus de tir dans cette affaire", explique-t-il à la barre.

Preuve de sa culpabilité ? Ce serait trop simple. Interrogé par la défense, l'expert convient que ces traces infimes ont pu être déposées par "contamination". Me Éric Dupond-Moretti : "Lorsqu'un adepte du ball-trap range son fusil dans une mallette, peut-il être"contaminé en manipulant cette mallette ?" L'expert :"Bien évidemment." Bingo : le jour du crime, Jérôme Verrando, alors âgé de 16 ans, tiré du lit par les gendarmes venus perquisitionner chez ses parents, leur a montré le fusil qu'il remisait dans son étui, sous son sommier. Les impuretés ont pu se déposer à cet instant sur sa main. Ou à un autre, confirme M. Galey, dans une villa occupée par des chasseurs obsessionnels qui détenaient une quinzaine d'armes à feu.*

Bref, à en croire ses conseils, reprocher à Jérôme Verrando d'avoir des résidus de tir sur les mains, ce serait comme s'étonner qu'une abeille ait du miel aux pattes.

Claude Galey est celui qui avait démoli l'expertise de Le Ribault dans l'affaire Chanal. Décidément, notre héros n'a pas de chances avec le LIPS de Toulouse qui le poursuit jusque dans sa tombe !

En guise de conclusion

Tout commentaire est devenu superflu.

Concernant Norbert Duffaut, la plaquette de Maïté Janet donne de ce dernier un portrait qui celui d'un *éternel amuseur public.*

Voici un des passages les plus choquants de *Le vrai Duffaut*, se trouvant page 130 où l'on apprend que grâce à *des malles de paréos, monoï, colliers, coquillages* rapportées par Duffaut, l'auteure aurait gagné un concours de *tamouré* dans une boîte du Cap Ferret. L'aveu spontané d'une telle niaiserie laisse pantois !

Quand à l'*oraison funèbre* qui termine le livre, c'est assurément un modèle du genre. Le mot *suicide* n'est pas même prononcé et ça se comprend puisque la "blague" permanente incarnée par Duffaut, a tourné au drame. Je cite :

Il (Nono) se portait comme un charme. Il avait encore tellement de choses à faire et de combat à livrer pour sauver des vies ! Je sais que rien ni personne ne pourra l'arrêter et qu'il continue là-haut.

Et Maïté Janet de terminer par ses mots :

Envoyé du ciel, comme un ange sur la terre !
Il y sera remonté sans crier gare…
Son dernier tour de magie fut réussi !

Ainsi le *suicide* de Duffaut aurait été *un tour de magie* !

S'il faut considérer cela comme le salaire versé par la maison Janet à Duffaut pour avoir contribué à sa bonne fortune, on conviendra que c'est pour le moins assez triste.

Il faudra quand même se souvenir qu'en déclarant à des grands patrons hospitaliers, *essayez mon remède il ne va pas vous flanquer la vérole*, Duffaut n'a guère favorisé sa propre cause et a surtout fait le jeu d'une quantité phénoménale de *parasites* et je n'ai pu évoquer que les plus considérables !

Annexes

Minutes du procès de Loïc Le Ribault

Le 5 février 2004 à Bordeaux

(4e chambre correctionnelle, nouveau TGI, rue des Frères Bonie, 13h30)

Présentation :

Ces minutes étaient depuis longtemps disponibles sur :

http://lucadeparis.free.fr/infosweb/leribault2004.htm

Force est de constater qu'elles n'ont donné lieu à aucun commentaire pertinent puisque l'essentiel n'a jamais été relevé à savoir l'emploi d'un produit de Rhône-Poulenc. J'ai conservé cette transcription dans la forme imparfaite où elle a été publiée en ne corrigeant pas les fautes. Il semble que des passages manquent. Les débats ont du être enregistrés sur cassettes et transcrits et si l'opérateur n'était pas au premier rang cela explique les possibles mutilations.

Greffière : *Le tribunal.*

Présidente : Françoise Martres [ses assesseurs sont Solange Bullier et Isabelle Delaquys] : *Je vais vous demander de vous taire, vous pouvez vous asseoir.*

Il y a des personnes debout. Pour des raisons de sécurité, ce n'est pas possible. Les personnes debout doivent sortir de la salle. Si vous voulez bien sortir de la salle, s'il vous plaît, sans discuter. Est-ce qu'il est possible de fermer la porte ?

Alors j'indique donc que nous avons…

Je propose le renvoi d'un certain nombre d'affaires.

Handisport… Je pense qu'il faut prévoir 2 h pour cette affaire… Renvoi le 27 mai.

Le dossier Le Ribault Loïc

Tancogne Xavier

Le Conseil des pharmaciens, le Conseil départemental des médecins.

Avocat : *Je représente le Conseil départemental des médecins.*

[Applaudissements à l'arrivée de Le Ribault]

Présidente : *Alors qu'il soit très clair, on n'est pas au théâtre, tout mouvement de ce type entraînera l'expulsion de la salle du public. Je rappelle nous sommes dans une enceinte de justice.*

Nous avons Loïc Le Ribault, né le 18 avril 1947 à Vannes. Votre adresse ?

Le Ribault : *En Irlande […]*

Présidente : *Vous avez l'objet d'un mandat d'arrêt le 21[?] août 2003. Vous avez été extradé [?] hier, avant hier. Est-ce que vous acceptez d'être jugé aujourd'hui ?*

Le Ribault : *Oui.*

Présidente : *Bargigli né le 25 octobre 1945, habite à Marseille. Accepte d'être joué aujourd'hui.*

M. Xavier Tancogne, né en 1953 à Villeneuve sur Lot.

M. Patrick Seraine est donc absent.

En ce qui concerne les parties civiles, le Conseil départemental de l'Ordre des médecins, le Conseil de l'Ordre des pharmaciens.

Y a-t-il d'autres parties civiles ?

Est-ce qu'il y a des représentations des administrations concernées, la Répression des fraudes et la DRASS ?

Est reproché à M. Le Ribault, depuis 1991, d'avoir distribué des produits de santé [?], d'avoir à partir de 89 [?]; à partir de 94 d'avoir distribue des produits silanol; [?] silanol SLDI [?]; à partir de 94 à Biganos [?];d'avoir à partir de 94 trompé ou tenté de tromper le public en vendant du silanol.

À M. Iznar pour avoir à La Teste le 6 janvier 96 trompé ou tenté de tromper [?]

À Robert Bargigli pour avoir à Mirabeau à partir de janvier 96 [?]; en vendant du silanol et du silagel n'ayant pas les formules [?].

À Lambron [Langon ?.]

Mme Lesieur le 1er décembre 95 sur un produit nommé silanol.

Enquête de la DRASS à la suite d'un article dans Sud-Ouest le 8 octobre 95.

Arthrose, psoriasis, migraine, séropositivité, sida, cancer…

Médicament n'ayant pas d'autorisation de mise sur le marché.

Exercice illégal de la médecine

À la suite de cette plainte, de ce rapport, fin 95, il y a cet article dans Sud-Ouest. Il l'a provoqué.

Il y a un procès verbal : les gens affluent à Biganos pour avoir ce produit présenté comme un produit miracle.

Il y a des plaintes, escroquerie.

M. Iznar et M. Bargigli ont eu des licences et ont distribué le produit. Vos chemins vont diverger car ils n'ont pas l'exclusivité de la licence; vous dites qu'ils vous ont pillé.

Vous irez à… Antigua, vous revenez en décembre 96.

Vous allez être libéré en février 97, avec un contrôle judiciaire clair. Vous allez disparaître…

Le Ribault : *En Belgique…*

Présidente : *Un mandat d'arrêt va être diffusé, ce qui va permettre de vous arrêter en Suisse, et de vous entendre.*

Il est clair qu'on a un secteur de production dans le Sud-Ouest.

Chacun va finir par revendiquer son produit qui n'est pas le vôtre.

Nous n'avons pas d'expertise judiciaire de ce produit.

Silicium de Rhône-Poulenc, Rodroxyl (sic), produit exclusivement à usage de bâtiments; dangereux à manipuler[45].

La DRASS dit à partir des produits comparés, tous les produits contiennent de l'eau à 96 à 99 %

Il est interdit de prescrire un produit caustique sur la peau ou en injection.

Le silanol est un nom générique.

On peut s'interroger sur la reproductibilité des produits susceptibles de présenter un danger pour la santé.

Selon la DRASS des Bouches-du-Rhône, les silanols sont produits à partir de scythe (soude ?[46]*), produit corrosif pour l'étanchéité des bâtiments.*

Quelles sont les infractions qui vous sont reprochées :

Avoir commercialisé un produit, médicament.

Par opposition aux cosmétiques, qu'invoquent certains, les DRASS disent que nous avons affaire à un médicament par présentation. Il devait bénéficier d'une autorisation de mise sur le marché.

M. Le Ribault, je vais vous demander de vous lever. Les choses partent de cet article de Sud-Ouest.

Vous dites que vous débutez vos recherches en 94.

Le Ribault : *Non. En 85, il y a eu un article dans Sud-Ouest. J'ai reçu six lettres.*

On a commence à en parler beaucoup en 95. Ça a intéressé un journaliste qui m'a suivi pendant 4 mois. Au bout de 4 mois, il a présenté cet article à sa direction qui l'a publié le 8 octobre 95.

Présidente : *Vous avez fait cet article pour faire un choc. C'est présente comme un produit miracle*

Le Ribault : *On a été deux à s'intéresser à ce produit, en 57 Norbert Duffaut, il y a eu des applications, un prix Lévy Bricker décerné par l'Académie de médecine.*

De 57 à 82, il y a eu plusieurs générations de silicium organiques, avec des tests, des publications scientifiques.

Je faisais des recherches par [?]

J'ai monté le premier labo à La Teste.

J'ai fait mes premiers travaux sur le quartz qui est de la silice en 1970.

L'oxygène permet l'assimilation par l'organisme du silicium (herpès, [?]).

J'ai rencontré Duffaut en 82 à une manifestation scientifique à Bordeaux.

En 84, 85 on a mis au point un troisième produit.

En 93, il s'est suicidé écœuré. On demandait des tests.

En 87, j'ai écrit avec accusé de réception à M. Valade, ministre de la Recherche, qui avait inauguré en avril 87 mon laboratoire. Je n'ai toujours pas de réponse.

J'ai voulu faire bouger les choses. J'ai été dépassé par la demande.

Présidente : *vous avez récolté deux millions de francs. [?] herpès, zona, psoriasis, cirrhose du foie, asthme, hématome, blessures diverses, cancer, sida, séropositivité, cancer.*

Le Ribault : *Médicament, je ne sais pas. Des applications thérapeutiques, oui.*

Présidente : *Vous parlez de vos patients, qu'est-ce qui vous y autorise ?*

Le Ribault : *Des témoignages des patients.*

Présidente : *Où sont les tests, les analyses ? Quels sont les tests sur l'intérêt pour la séropositivité ?*

Le Ribault : *De nombreux tests de toxicité.*

Présidente : *Où sont les tests ?*

Le Ribault : *Il y a une analyse publiée le 16 décembre 96.*

Présidente : *Mais on est en 95. [...] Il n'y a rien dans le dossier qui dit que quelqu'un a été malade d'avoir ingéré dans le dossier, c'est vrai.*

Le Ribault : *Il y a plusieurs tests de toxicité, dont certains ont été saisis. Les tests coûtent une fortune.*

Présidente : *Pourquoi l'administration aurait fait ces tests ?*

Le Ribault : *Parce que j'en aurais fait cadeau.*

Présidente : *On est d'accord qu'en 95, il n'y a pas d'essai clinique. Vous attendez la plainte; vous la souhaitez.*

Le Ribault : *Tout à fait. Naïvement, je croyais que l'Ordre des médecins, des pharmaciens, déposant une plainte, allaient être obligés de faire les tests. Je n'ai pas 100 millions.*

Présidente : *Pourquoi ils ne se sont pas intéressés ?*

Le Ribault : *En juin 95, un grand labo est venu me voir avec 10 millions de francs pour acheter la molécule et la taire.*

Il y a 10.000 médecins qui ont travaillé avec mes produits.

Présidente : *Vous avez les tests, les dossiers ? On demande les preuves.*

En 97, vous avez continué parce que c'était plus simple à l'étranger. Les témoignages ne sont pas des preuves scientifiques.

Le Ribault : *Il y a des analyses de sang, des radios.*

Présidente : *Il y a des procédures légales, des protocoles.*

Le Ribault : *Pas en accord avec la procédure française. Il faut 100 millions de francs. C'est une molécule qui restructure le système immunitaire de l'organisme, ça ne guérit pas.*

Présidente : *Suite à l'article de 95, à une lettre d'un séropositif, vous dites que ça peut lui apporter quelque chose.*

Le Ribault : *Ça donne à l'organisme la force de lutter contre les virus. Le 15 octobre 95, j'écris à M. le directeur de l'Agence du médicament : "Je vous propose cette molécule". Il y avait un dossier joint.*

Présidente : *L'Agence du médicament vous renvoie un dossier. La preuve scientifique n'est pas expliquée.*

Le Ribault : *On n'a pas arrêté. Duffaut en a fait vingt peut-être.*

Présidente : *Avec votre curriculum vitae, comment pouvez-vous parler de vos patients ? Licence de lettres, [...] doctorat d'État es sciences.*

Le Ribault : *Ce n'est pas une découverte médicale, c'est une découverte en biologie. Depuis toujours on cherche à renforcer le système immunitaire. On est à la jonction entre géologie et biologie.*

Présidente : *Ce n'est pas vos patients en géologie ou en biologie. Vous avez choisi de vous associer avec M. Iznar et Bargigli. Est-ce que vous vous dissociez d'eux ?*

Le Ribault : *Complètement.*

Je pensais qu'à partir du moment où il y avait plainte, je pensais qu'il y aurait recherche. J'ai arrêté la commercialisation, quitté l'hôtel en décembre 95, janvier 96. Une société était chargée de diffuser à ma place le silicium organique, SLDI, dans laquelle j'avais 25 % des parts. À cause de la plainte des ordres, Bernard Bori porte mes actions, et j'ai été exclu de la société.

Ça devait être le "G5", mise au point en 91, et qui devait être buvable. La G4 est pas buvable, il n'y a que le "G5" qui est buvable.

Présidente : *Vous vous désolidarisez de ce que fait Bargigli ?*

Le Ribault : *Complètement, c'est du G4, l'hyposulfite de sodium, ce n'est pas buvable. Mis au point en 84. Il n'y a pas de brevet sur le G5*[47].

Le Ribault : *Les présentations en 96 sont identiques. A priori; ils commercialisent les mêmes produits; les formulations sont identiques.*

Aujourd'hui, rien qu'en France, il y a 70 sociétés qui utilisent mon nom, ma photo, mes documents.

Présidente : *Vous avez écrit : "C'est un médicament mais pas reconnu comme tel".*

Le Ribault : *J'ai rédigé cela en janvier 95.*

J'ai donné les chèques à la société SLD.I.

Je n'ai touché aucun de ces chèques. J'ai touché des chèques au début.

Présidente : *Qui fabriquait ces produits jusqu'en octobre 95 ?*

Le Ribault : *C'est moi.*

Présidente : *Le produit de revient d'un litre est de 10 francs, c'est commercialisé 200F ? Vous dites j'ai été dépouillé, mais vous prenez un risque extraordinaire.*

Le Ribault : *Oui; c'est toute ma vie; j'ai aussi été dépouillé par la Gendarmerie.*

Présidente : *Je ne vous suivrai pas sur ce terrain. [...]*

Le Ribault : *Je vais rester 9 mois à Antigua. [...]*

Desage. [...] On me dit qu'on m'attend à Antigua. Je pars avec 4.000F. Personne ne m'attend. je me retrouve sur le sable, c'est le cas de le dire.

Je rencontre quelqu'un du ministère de la Santé qui est intéressé. J'avais apporté quelques bouteilles. En juin 96, j'obtiens les agréments du Premier ministre d'Antigua et du Premier ministre de Domingue. J'envisage de déménager.

Je reviens en France prendre mes affaires, en novembre 96, et je suis arrêté le 12 décembre.

[...]

Je ne respecte pas le contrôle judiciaire car j'ai été traumatisé par ces neuf semaines à Gradignan. Le juge me disait que j'allais être libéré avant Noël. Je n'ai vu les juges que deux fois une demi-heure.

Présidente : *Vous avez déposé votre passeport. Comment êtes-vous parti à l'étranger?*

Le Ribault : *Je suis parti avec mon permis de conduire, en Belgique, puis à Londres, à Jersey, et avec ma carte de crédit qui fait carte d'identité là-bas. J'ai obtenu un passeport il y a trois ans à l'ambassade à Dublin, une carte d'électeur. J'ai voyagé dans le monde entier, avec mon passeport, sous mon nom, fait des conférences.*

Présidente : *Comment ça marche, la commercialisation?*

Le Ribault : *Ça marche par l'Irlande, par le bouche à oreille.*

Présidente : *Le 13 août 97, courrier à la famille de Flers.*

Vous avez des différends avec tout le monde, il vaut mieux que vous travaillez seul, effectivement.

Le Ribault : *Unité opérationnelle en septembre. […] Il est vrai que personne n'a caché mes lettres dans un coffre de voiture Je n'ai jamais fait de publicité. Je n'ai pas un seul agent. Je ne suis pas tout seul. J'ai un laboratoire de 26 personnes.*

Je vends 5.800 litres par mois. Je revends 200 F [?] frais d'expédition compris. J'ai baissé à chaque fois.

Ça fait pas longtemps par Internet, deux ans. En Europe essentiellement.

Présidente : *Quels chefs d'inculpation reconnaissez-vous ?*

Le Ribault : *Médecine et pharmacie, je reconnais. Publicité, non, je n'en ai jamais fait.*

Présidente : *L'article sur vous a été reproduit.*

Le Ribault : *Pas par moi. Ma photo a été traitée.*

Présidente : *Ce n'est pas un médicament parce qu'aucune autorité ne vous en a donné l'autorisation.*

Le Ribault : *Dans ces pays, Irlande, etc., les dossiers médicaux ont une valeur pour l'autorisation. J'ai été roulé. Je ne tiens pas à m'associer à des labos*

Présidente : *On peut se poser la question si vous ne surfez pas sur la vague de la commercialisation.*

Le Ribault : *On peut le penser, mais ce n'est pas le cas. J'ai un salaire*

Le chiffre d'affaires a eu près 8 millions de francs

Un salaire de 60.000 F

On prend de l'acide chlorhydrique et de la soude, deux produits dangereux, et on obtient de l'eau salée; mais c'est dangereux de faire la manipulation[48].

Présidente : *Yvan Costes-Manière dit avoir travaillé avec vous depuis 2 ans; que vous aviez un problème de stabilisation.*

Le Ribault : *Non. J'ai travaillé 20 ans sur ce dossier.*

Présidente : *Je n'ai pas dit que ces produits sont toxiques. Les matières premières sont toxiques.*

Bargigli : *Nous sommes allés chez M. Le Ribault à Arcachon. Nous sommes restés amis.*

Il m'a rappelé qu'il avait des problèmes financiers. Je suis arrivé, j'ai payé les huissiers

Il m'a parlé de ce produit qui allait sortir. L'ingénieur chimiste qu'est M. Costes, par qui j'ai connu Le Ribault […]. Je suis chargé de transporter ce produit, et je vois que ce produit fonctionne. Je rencontre à Aix en Provence

Il me propose 50 %; je constitue une société, pour le gel. Le Silagel m'appartient, c'est moi qui le sort.

Je fais analyser le produit par le labo Biotox. Dans le cadre de commercialisation de cosmétiques

Présidente : *Les labos étaient désaffectés. M. Roubier ne peut pas donner les noms des personnes qui ont fait les tests. M. Costes-Manière a des parts dans votre société ?*

Bargigli : *Non !*

Présidente : *Jusqu'à quand vous avez été associés à M. Le Ribault ?*

Bargigli : *Ça a été de courte durée, 5 ou 6 mois.*

Présidente : *Vous ne pouvez pas revendiquer la notion de produit naturel, car il y a des produits de synthèse dedans. M. Montano, votre beau-frère, qui s'est occupé de la partie technique, reconnaît les difficultés.*

Vous réalisez un chiffre d'affaires de 200.000 à 1 million de francs en 5 mois. Sont parues des publicités comme médicament, contre l'arthrose…

Bargigli : *Notre association se termine le jour où il part de l'hôtel de Biganos.*

Le Ribault : *J'ai fait fabriquer le produit. Costes-Manière fabriquait le produit et M. le livrait. J'ai arrêté de le voir début janvier. J'ai travaillé avec lui trois, quatre mois.*

Iznar : *Je vais à l'hôtel des Doyens, je rencontre M. Le Ribault, qui désire commercialiser un produit qui a des vertus cosmétologiques et thérapeutiques, en toute légalité. Pour un médicament, il faut l'AMM. Le silicium est utilisé en cosmétologie,non par voie orale.*

Je fais fabriquer un produit cosmétique. Nous, SLDI, n'avons jamais utilisé ces documents. Il y a un moyen rémunérateur sur la cosmétique en restant dans la légalité. Il y a une société, X..? qui utilise ce produit en cosmétique.

J'arrête parce que la licence a été vendue à d'autres.

Le Silanol, Je l'appelle Triactif.

Présidente : *[…] "le silicium permet de compenser la perte de l'organisme en silicium avec le vieillissement" […]*

Le Ribault : *La DRASS me dit de ne pas parler de jambes lourdes, mais de légèreté des jambes. La barrière est très légère.*

Iznar : *C'est le même produit, puisque M. Le Ribault a récupéré le nom à juste titre; j'ai changé le nom.*

Le Ribault : *Je ne connais pas le silicium triactif. D'un point de vue chimique, je ne vois pas ce que ça peut être.*

Après le 15 janvier 96, je n'ai pas eu de contact.

Présidente : *M. Tancogne est pharmacien.*

Tancogne : *On a demandé à la DRASS si ce produit pouvait rentrer dans la composition d'un produit cosmétique.*

Présidente : *Du coté des parties civiles, des questions ?*

Procureure Maud Vignau : *Au juge d'Instruction, vous avez dit que la publicité est très imprudente.*

C'est vrai !

Procureure : *Il y a eu un changement de conservateur alimentaire pour un moins dangereux, donc c'était pour boire.*

Iznar : *Non; c'est parce que d'autres produits étaient buvables, et il y avait un risque que des personnes boivent.*

Procureure : *On parle dans les publicités du Dr Loïc Le Ribault, pas Dr en biologie.*

Le Ribault : *Depuis napoléon III, ce ne sont pas les médecins, mais seuls les docteurs d'État qui ont droit au titre de docteur.*

Raymond Blet, avocat de Le Ribault : *Sur les documents de Le Ribault, il y a marqué docteur es sciences.*

Procureure : *On a les lettres à des clients. Il se compare à Pasteur.*

En 96 il annonce l'ouverture dans quelques semaines d'un site Minitel et Internet. La seule société agréée est LSDI à La Teste.

Le Ribault : *En avril 96 j'étais à Antigua. J'ai ouvert le site il y a 2 ou 3 ans.*

Procureure : *Depuis combien de temps vous connaissez M. Bargigli?*

Le Ribault : *Le printemps 95.*

Procureure & Présidente : *Bargigli, vous avez situé quatre ans avant.*

Avocat d'Iznar : *Ribault a dit que les contrats portaient l'un sur le G4, l'autre sur le G5. Les brevets sont les mêmes pour les deux contrats. Iznar c'était le G5.*

Pièce D-189, la licence est pour exploiter le G4 cosmétologique.

Le Ribault : *il n'a jamais été question de commercialiser l'hyposulfite de sodium.*

Présidente : *Il est écrit sur une déposition que vous avez développé le G4 en solution buvable.*

Le Ribault : *Ce n'est pas possible.*

Le G1, c'est Duffaut avec comme stabilisant de l'acide salycilique. Il causait des allergies, Duffaut l'a remplacé comme stabilisant par l'acide citrique avec le G2.

Moi avec les grains de sable, le G3.

Le G4 : c'est avec l'hyposulfite de sodium.

Le G5 est plus pur […]

Présidente : *Sur l'année vous vendez combien de litres*

Le Ribault : *2/3 en liquide… 4000 litres.*

Présidente : *Le 28 septembre 93 vous avez été condamnés pour abus de confiance. […]*

Bargigli pour escroquerie. […]

Tancogne : *Je suis actionnaire dans la société Continental, qui fabrique des cosmétiques. Je suis marié, un enfant.*

Iznar : *Je suis gérant. Le chiffre d'affaires : 4 millions. Je suis salarié 2.500 € par mois. Casier néant. Concubin, deux enfants.*

Plaidoiries :

Me François Jambin, avocat du Conseil de l'Ordre des pharmaciens : *Les protocoles sont extrêmement onéreux; en France et ailleurs, ce sont les laboratoires privés et non la recherche publique qui peuvent se permettre de les faire.*

Vous avez ici à juger un système parallèle, un système occulte jusqu'à ce qu'il y ait une publicité tapageuse par la presse.

Sur la définition de médicament par fonction, il est difficile au tribunal de statuer; mais le tribunal peut statuer qu'il s'agit d'un médicament par fonction, ayant des effets thérapeutiques, et pas légal, pas par présentation.

S'il s'agit de produits cosmétiques, ce que je ne crois as, il faut choisir la qualification la plus protectrice pour le consommateur, c'est-à-dire de médicament.

M. Le Ribault n'a pas les qualifications pour vendre ces produits.

Mme la Pte vous avez cité un inventaire à la Prévert puisqu'il va de la lettre A à la lettre Z.

Des gens atteints de maladies extrêmement graves, se détournent de thérapies classiques, pour aller vers le silanol.

Aucun malade ou famille n'a déposé de plainte, sinon pour escroquerie, les produits étant extrêmement chers.

M. Le Ribault nous a expliqués que dans une sorte de complot concerné, personne ne voudrait commercialiser son produit.

De nombreux produits avec silanol ont été retirés du marché car sans intérêt thérapeutique.

M. Iznar a continué à vendre un produit comme médicament par présentation après avoir contacté l'Agence du médicament.

M. Bargigli nous a parlé de l'intérêt financier du produit.

M. Xavier Tancogne a reconnu devant les enquêteurs que la présentation pouvait être sujette à caution. Il faut en Europe que les sociétés aient une autorisation de mise sur le marché.

Un arrêt récent de la cassation sur l'intention, […] élément moral […] amende […]

Je sollicite une mesure de publication, deux insertions dans deux quotidiens nationaux.

Avocat de l'Ordre départemental des médecins : *Le Ribault et Bargigli seuls en cause.*

L'intérêt des médecins, de la médecine est l'intérêt des patients.

Exerce illégalement la médecine toute personne qui prend part à l'établissement d'un diagnostic ou d'un traitement, si la personne n'est pas habilitée, c'est-à-dire n'a pas ses diplômes.

M. Le Ribault a reçu des centaines de patients, suivi de son journaliste.

Il a traité des maladies. C'est un médicament, il a pour but de soigner,la trithérapie du sida soigne, traite, ne guérit pas.

Le rêve de M. Le Ribault, c'est un centre de soins, un centre médical. L'exercice illégal peut se faire même si le patient est envoyé par un médecin. Vous détournez ces personnes de la médecine.

C'est vrai que ce médicament, il n'a pas été établi qu'il était toxique.

La DRASS conclut que certains éléments sont nocifs, qu'il y a contamination bactérienne. À long terme, on connaît les effets.

Je ne crois pas qu'un produit soigne l'asthme et le sida. Même s'il a été reconnu médicament, Le Ribault n'aura pas le droit de le prescrire.

Je suis à l'origine de la plainte en janvier 96, à la suite de coups de fil de médecins.

Pour certains, Le Ribault est le chevalier blanc en proie à l'industrie.

C'est vrai qu'il faut passer par les laboratoires car c'est un coût extrême.

J'ai déclenché la réaction du conseil de l'Ordre. Oui, on n'était pas les premiers, la DRASS était avant.

Le Ribault va partir à Antigua, pour prendre des affaires. Il s'enfuit après.

C'est un homme, M. Bargigli, visiblement intéressé par l'argent, il dévoile son vrai visage.

Le Conseil départemental de l'Ordre des médecins de Gironde ne peut accepter cela.

Je sollicite une condamnation conjointe de Le Ribault et Bargigli de 8.000 € et 2.000 €.

Procureure : *Avant d'arriver à l'audience, c'était un dossier qui prêtait à sourire, car c'est un charlatan des temps modernes, comme le Dr Loxé.*

C'est des faits apparemment anciens, on peut avoir des éléments sur le contexte, on peut changer.

Il s'agit de faits sur un produit anodin, 96 % d'eau. C'est du sable, un grain de sable, et de l'eau. La cotte D-200 et D-190 sont très précises dans ce domaine.

Le principe actif, même s'il est en quantité extrêmement faible, de Rhône-Poulenc, le Rodoxil, est vendu pour un usage caustique, est très toxique.

On ne le retrouve pas car il a été dilué. Il n'y a aucun élément montrant que le produit est autre chose que ce qu'il y a dans le dossier.

Le Ribault se compare à Pasteur, Lavoisier. Il dit sa molécule révolutionnaire, se dit inventeur.

Le silicium organique a été découvert il y a plus de 30 ans, est dans le domaine public. Mais on ne le trouve jamais en tant que médicament, mais en tant que complément alimentaire.

C'est une réalité que la médecine traditionnelle n'a pas de solution pour le mal de dos, les maladies de peau, le psoriasis.

On sait que les guérisseurs, la placebothérapie, ça existe.

Ça révèle d'un domaine psychique, la douleur existe (sciatique, mal de dos). Si les gens réussissent à faire passer leurs maux dos avec un complément alimentaire, parfait.

C'est un produit qu'on peut trouver partout dans les magasins diététiques, deux sont en pharmacie en compléments alimentaires.

En 95, 96 le Ribault va inventer le Silanol, sans lui trouver un vrai nom.

Pourquoi en 95, pourquoi pas avant ?

Duffaut, ça fait longtemps qu'il a déposé ses brevets, en 71(59) le premier.

Si c'était important, cette molécule, ça serait utilisé.

En 93, Duffaut est mort.

M. Le Ribault tombe en liquidation.

M. Le Ribault, avec sa personnalité, M. Le Ribault a réussi à berner le ministère de la Justice, la Gendarmerie. Après avoir invente l'expert des experts, M. Le Ribault qui ne doute de rien va s'intéresser au domaine de la santé. C'est quelqu'un de fascinant.

Je regrette qu'on n'ait pas fait des expertises qui nous révèlent la personnalité de le Ribault.

Duffaut est mort; il a d'énormes problèmes d'argent.

Il a le sable et sa personnalité passionnante.

À l'origine, c'est un scientifique, il en jouera. Dr en géologie.

"Science sans conscience n'est que ruine de l'homme."

Pour un scientifique de son niveau, avec tous les honneurs. J'ai parcouru son site, Chaban-Dalmas; on fait parler les morts.

On peut publier dans une revue scientifique; il choisit Sud-Ouest; avec M. Costes comme concepteur du produit.

En 85 il y avait un premier article qui n'avait pas défrayé la chronique. Je cite le dossier; le numéro de la préfecture ayant été donné à la place de celui de Le Ribault, son standard a explosé.

Il y a eu au moins deux millions de francs reçus.

Le Dr Le Ribault renvoie aux deux sociétés Solicil et SLDI

C'est dans les premières pièces, c'est le D-2.

Il y en a qui sont très contents, d'autres qui écrivent au procureur.

Le 2 mai 96, Le Ribault écrit que le milieu marseillais s'est mis sur les rangs, investit l'hôtel sous les noms de la société / Solicil[?]

Je ne critique pas la thalassothérapie, la balnéothérapie. Si c'était ça, nous ne serions pas là. Plus on y croit, mieux c'est.

Il reconnaît que c'est un médicament sans autorisation, il reconnaît l'exercice illégal de la médecine. Il ne reconnaît pas qu'un fait : l'escroquerie, la tromperie.

Toutes les infractions sont d'un an maximum, 4500 €.

En revanche, le fait de tromper les victimes sur les qualités de la chose vendue entraîne des peines d'une autre nature : deux ans et 37.500 €, au lieu de 3.000.

Il est manifeste qu'il a trompé l'ensemble des gens dans ce dossier sur les qualités substantielles de la chose. C'est également une tromperie susceptible de présenter un danger sur la toxicité. Il reconnaît : le Silagel, ça pas plus toxique que l'eau. et pour cause.

Il prétend guérir le sida, le cancer, avec la panacée universelle, c'est dangereux, particulièrement grave. Sur son site internet, il n'est pas plus précis.

Les gens qui ont accès à ce site se disent c'est un docteur ès sciences en géologie c'est quelqu'un qui dit qu'il a été reconnu par la DST, la police; il a été expert auprès de la Cour de Cassation.

Ils se disent c'est un produit sérieux.

Je sollicite une peine qui ne saurait être inférieure à 2 ans d'emprisonnement, [...] et de prononcer l'interdiction liée aux infractions qui lui sont reprochées.

Bargigli, celui qui fait partie de la mafia marseillaise. Avant le mois d'octobre 95, Le Ribault avait déjà pris contact avec Bargigli. Quand il envoie ses mailings au nom du Dr Le Ribault, il indique les deux sociétés. Bargigli reconnaît avoir payé la plupart des factures à l'hôtel, avoir présenté la secrétaire comme secrétaire médicale et Le Ribault comme médecin.

Si Iznar a été prudent, Bargigli pas du tout t 20.000 €. Iznar ne connaissait pas Le Ribault; c'est l'article qui lui fait penser que c'est intéressant. Il est fasciné par Le Ribault, crée une société le 8 janvier 96.

Il s'agit de la vente de produits pharmaceutiques.

Iznar s'adresse à un laboratoire et à un pharmacien, car il veut exploiter ce produit à titre thérapeutique, et il veut les agréments. Il est pas trop regardant, ils vont finir par arriver.

Pour le produit à forme liquide, il modifie le conservant alimentaire. Il a reconnu sa culpabilité.

Je sollicite de prononcer une condamnation, assortie si vous voulez d'un sursis, et 20.000 € d'amende.

Pour Tancogne, un sursis, une amende de [?].

Avocat de Bargigli : *En situation d'infériorité géographique, car il vient de Marseille, et à l'est de Marseille, tout est trouble.*

Vous avez deux dossiers : l'affaire principale, M. Le Ribault, et l'affaire dans l'affaire, les autres prévenus. Il se trouve qu'un de ses meilleurs amis, handicapé, connaît M. Le Ribault. Il n'est pas alléché par l'article qu'il ne reçoit pas à Marseille. Le Ribault est sans doute un scientifique, je ne dis pas que ce n'est pas efficace. Il lui dit qu'il a un produit efficace, mirifique. C'est le premier produit, le Silanol.

M. Bargigli ne va jamais le fabriquer, ni le vendre, mais le porter de Marseille. Il n'est pas un mafieux désargenté. Il est thanatopracteur, il gagne 10.000 F par mois à nettoyer les macchabées. En octobre 95, il croira qu'il signera un contrat qu'il croit exclusif et qu'il paie 300.000 F. Il se fâche en janvier 96 à cause de la non-exclusivité.

En avril 96, le Silanol disparaît et une autre invention si j'ose dire, car personne n'a rien inventé, le Silagel.

J'ai eu deux tomes à lire ce matin en quelques minutes. 8 ans de procédure M. Bargigli est entendu une fois. Et on vient vous réclamer une peine d'emprisonnement. Quand un dossier est vide, on va charger la mule. M. Bargigli n'a pas beaucoup de chance, il va tout récolter.

Le médicament : on lui reproche une commercialisation du Silanol à Marseille, et il n'y a aucun document sur ça à Marseille. Sur le Silagel : soulager les maux, ce n'est pas guérir, c'est bien un produit cosmétique, comme ceux qui ont une barbe dure, pour soulager la peau. Un rôle bienfaisant : ce n'est pas un domaine pharmaceutique mais cosmétique. À l'INPI, c'est un gel apaisant la douleur.

Exercice illégal de la médecine : il n'a rien prescrit.

Il faut charger la mule, mais éventuellement pas trop. Il faut juger sur ce qu'il commis. Il faut juger l'élément intentionnel, qui est considérable dans les affaires pénales. Il va initier la plainte, le 27 janvier 96. S'il est complice, il va porter plainte ?

M. Bargigli se trouve en état de faiblesse économique, de faiblesse intellectuelle, en tout cas scientifique.

D'après les rumeurs qu'on a entendues, Le Ribault a du soutien, des gens qui se trouvent bien du produit. Il n'y a pas écrit dans les documents qu'il ne faut prendre que ces produits. Ce n'est pas comme ce marabout jugé ici qui prétendait guérir avec son sperme magique. Il n'y a pas tromperie puisqu'il n'y a que de l'eau et du sable.

Un produit largement diffusé dans des pays, près de dix ans après les faits, il ne faut pas considérer qu'il faut le mettre en prison. Celui-ci gagne 10.000 F par mois, thanatopracteur, métier pénible, un enfant à charge, des condamnations pour escroquerie en 91.

Je plaide sa relaxe.

Avocat de Iznar : *Je plaide la relaxe, car la culpabilité n'a pas été rétablie. M. Iznar habite La Teste. Je suis plus ancien que mon confrère, mais je me rappelle qu'on faisait appel à M. Le Ribault avec le CARME. À La Teste, M. Le Ribault a une réputation extrêmement prestigieuse.*

M. Le Ribault cherche en réalité à faire financer son projet. M. Le Ribault, fascinant, est très diplômé. M. Le Ribault n'est pas un Pr Tournesol inconscient des réalités juridiques. Le Ribault va se porter comme l'inventeur exclusif du Silanol.

Le Ribault veut un partenaire financier. M. Iznar avait du mal à approcher Le Ribault tellement il y avait de monde; les gendarmes avaient du mal à filtrer. Il va découvrir que M. Bargigli commercialise le même produit, avec une licence d'exclusivité signée avant le 8 janvier 1996. Il y a un marché de dupes avec ce double contrat d'exclusivité.

Ce Silanol n'a rien d'un produit extraordinaire; ce n'est pas un produit miracle.

M. Iznar va faire des recherches sur les brevets d'invention; le brevet de 85.

On remonte à 73 : Duffaut et Gueyne. Le premier brevet, c'est Gueyne, en 1971, qui le diffuse à Monaco. Le brevet est vendu sur un produit vendu déjà par de nombreux labos. Il n'y a même pas deux mois de relations entre M. Iznar et M. Le Ribault. Il ne peut y avoir de complicité avant cette relation.

Sur la fabrication du Silanol : "Je suis néophyte, moi je n'y connais rien, je vais m'adresser à un pharmacien." Sur la partie scientifique et technique, il va déléguer à M. Tancogne et son labo. Il est question de commercialiser uniquement un cosmétique. M. Tancogne écrit gel dermique, à usage externe

Tancogne va faire valider ce cosmétique : test antipoison, Rhône-Poulenc; fiches de sécurité. Dans son deuxième interrogatoire, Le Ribault dit qu'il s'agit de commercialiser le G4 à usage externe, car pour la solution buvable, il faut l'AMM.

Cette première étape aurait permis de financer l'AMM pour la solution buvable. La pièce D-2 sert à l'accusation. Confectionnée le 28 octobre 95, avant que M. Iznar arrive dans cette histoire. Ce document apparaîtra dans le dossier avec le tampon LSDI, le "I" barré. "Il a été reproduit à mon insu".

Certains dentifrices sont considérés comme médicaments vendus en pharmacie (comme le Fluocaryl), d'autres comme cosmétiques vendus en pharmacie. Il n'y aucune expertise judiciaire dans ce dossier, on peut le regretter. Bien qu'ayant fabriqué, il n'est pas accusé d'exercice illégal et de la pharmacie, mais de complicité; il n'est pas [?].

La bonne foi me semble établie [?], ou une peine de principe non inscrite, car il est gérant de société, loin de cette affaire.

Avocat de Tancogne : *Ce dossier est une ambulance médiatique qui a commis beaucoup d'excès de vitesse. Ça me semble être une caravane publicitaire.*

Il y avait une évidence dans le dossier : ramasser large pour qu'il y ait beaucoup de prévenus. Mon confrère de l'Ordre des médecins citait Prévert. Il disait aussi que ce qui tombe sous l'évidence [?] rebondit ailleurs.

Il est établi que Xavier Tancogne a travaillé sur un produit cosmétique, qu'il n'a eu aucun contact avec les autres prévenus hormis M. Iznar.

Le mode de présentation du produit : C'est le seul solvable dans cette audience.

Si M. Tancogne est inculpé, le laboratoire Aroli qui faisait la fabrication devrait aussi être inculpé. Les étiquettes sont incontestables : "gel apaisant".

Rhône-Poulenc a fourni la totalité des produits. Il a été au courant quand les produits ont été saisis. Les experts de Montpellier ont établi la qualité des produits.

Ces délits reprochés sont terribles, car c'est un hydre à 5 têtes

Premier délit : tromper ses clients sur les qualités du produit ? Il a vendu à M. Iznar qui n'a jamais prétendu être trompé.

Deuxième délit : il n'a pas escroqué M. Iznar.

Les trois suivants tombent de même.

Il s'est assuré que l'étiquette correspondait au produit.

Il n'y a pas exercice illégal de la pharmacie comme il s'agit de cosmétologie pour lui.

M. Tancogne a fait une présentation comme produit cosmétique.

Personne ne prétend que M. Tancogne a rédigé les fiches, ni M. Iznar, ni M. Le Ribault qui n'a eu aucun lien contractuel avec M. Tancogne.

Godot : nous naissons tous fous et certains y demeurent. M. Tancogne n'est pas fou.

Lorsqu'il avait 20 ans et j'avais 16 ans, il avait un quart d'heure d'avance aux courses de bateau avec moi; peut-être que ça changera.

Le fait que M. Tancogne ait lu ou non l'article [?], mais l'article pourrait être poursuivi. Et aujourd'hui dans Le Monde, c'est pareil.

Quand les cannibales veulent la peau des sens, ils copient la langue des savants.

Roidor [?] et l'inspecteur de la DRASS disent que les cosmétiques, c'est moins sévère; il ne s'agit pas de poursuivre le Silanol, mais de le faire passer pour un médicament.

Je me demande pourquoi ce qui a été écrit manuscritement et qui disculpe la société Aroli n'a pas été retenu par l'accusation; peut-être les agents de la Répression des fraudes écrivent mal.

Le produit ne traverse pas la peau, ça donne une réponse sur son efficacité.

Ce dossier a été sauvagement médiatisé.

Souchon dit : "J'aime les hommes qui sont ce qu'ils peuvent."

Il a parlé avec un calme olympien.

Il n'a aucune relation contractuelle avec M. Le Ribault.

Je crois que le corps humain est composé de 80 % d'eau; ça ne porte pas atteinte aux qualités de Mme le Procureur.

Tancogne s'est aperçu que lorsqu'il téléphonait à une société à Monaco, on lui donnait une liste de 40 noms.

Je ne sais pas si c'est le fait de comporter de 1 % de silice ou silicium le rende dangereux.

La Répression des fraudes reconnaît la qualité des sociétés Aroli et Continental; le dosage est peut être important, et c'est terrible.

On n'aura pas de solution scientifique ici.

Vous êtes dans une situation […]

On a fait un procès terrible à ce journaliste qui a reçu ce journaliste, Meyssan, qui a prétendu qu'il n'y a pas eu de Boeing sur le Pentagone le 11 septembre.

L'avocat du Conseil des pharmaciens reproche à Tancogne de ne pas avoir arrêté la publicité. Les associations de consommateurs sont pléthores pour aller à la barre; il n'y en a aucune ici.

Avec l'absence d'expertise scientifique, le délibéré sera sociologique.

Les clients sont en sucre d'orge; ils y croient encore. Les associés sont en caramel : ils se sont faits rouler.

Si le Silanol est si terrible, pourquoi n'est-il pas interdit, ce n'est pas dans le réquisitoire du procureur.

Resieur[?] acheté un tableau à New-York, Picasso lui dit que c'est un faux; il en achète un autre, Picasso lui dit c'est un faux; "mais je vous ai vu le peindre sous mes yeux"; "Je peins souvent des faux".

Avocat de Le Ribault : *Le parquet statue en 2004 sur des faits de 96. Il ne faut pas traîner dans la boue quand on a encensé M. le Ribault pendant des années, l'avoir porté aux nues.*

Vous en avez ici, des gens qui sont en trithérapie. Ils travaillent avec leurs médecins; c'est leur médecin qui leur prescrit le G5. Ces gens ne sont pas des gogos. Cette affaire est médiatisée. Le Ribault n'y est pour rien. Il y a la liberté de la presse, il y avait ce problème, il y est toujours.

Venir parler de 99 % d'eau et d'un grain de sable, en parlant de Le Ribault c'est bien triste; en parlant de M. Duffaut, c'est un scandale. J'ai demandé à M. Arex, Dr en chimie, de m'éclaircir. C'est comme de dire que les centrales nucléaires, c'est à la portée de tout le monde.

Il y a des paroles qui tuent. Les paroles sont souvent beaucoup plus graves que les actes.

Vous êtes obligés de reconnaître que si c'est un placebo, […] car dans la médecine, on n'explique pas tout. Ce sont là des discutions de bar.

Pendant votre réquisitoire, j'ai regretté une chose, c'est de l'avoir convaincu de revenir en France. Il m'a dit : je préfère rester en prison en Suisse que revenir en France.

Après avoir entendu charlatan et autre, on peut s'attendre à ce qu'il a vécu en 96. Il a été victime de menaces de mort car il était avec des codétenus qui étaient en prison à cause des dossiers qu'il a établi en tant qu'expert.

Après ce qu'il a vécu, la cavale, c'est bien, pendant huit ans.

La procédure :

Vous avez des pièces concernant les uns et les autres.

Des Silanols, on en achète où on veut, en pharmacie. Il faut être plus précis sur le plan scientifique. On doit se fier à ceux qui sont dans ce domaine.

Dans l'article de Sud-Ouest, il dit : "J'ai une découverte; je pense qu'elle est bénéfique; je ne vois que la provocation de l'Ordre des médecins et l'Ordre des pharmaciens." M. Le Ribault n'a pas fait la moindre publicité; juste la notice. On peut dire que c'est exceptionnel.

Vous avez une lettre du 15 janvier 96 : "ses vertus sont reconnues depuis 20 ans; je n'ai pas vu d'autre solution qu'une vente sauvage .»

Aucune plainte au dossier : "Vous trouverez ci-joint le chèque que je vous retourne."

Il ne faut pas s'étonner de ne pas trouver la même composition : ce ne sont pas ses échantillons, et ça prouve que ce n'est pas un grain de sable dans l'eau.

En Irlande, il suffit de dire que ce n'est pas un médicament.

En France, c'est compliqué, il y a médicament par présentation, par destination.

En recherchant sur Internet, on a des milliers de pages sur le Silanol. Discrimination : on s'acharne sur Le Ribault.

S'il n'y avait pas cet article dans Sud-Ouest, on ne ferait rien contre lui.

Peut-être veut-on brûler ce qu'on a adoré.

M. Le Ribault n'est pas contre les médecins.

Il conseille le "G5" après des diagnostics de médecins.

La majorité des gens ne parlent pas de miracle, de guérison, mais d'un soulagement, un bien-être, un mieux-vivre.

Mais Le Ribault a-t-il dit que le "G5" guérit du sida ? Jamais.

La notice n'est peut-être pas adroite. À propos du cancer, ça aide en cas de radiothérapie.

M. Lévrier […], Roudoul de la Faculté des Sciences […]; quatrième symposium des maladies non cancéreuses du sein. Les scientifiques n'écartent pas à priori les bienfaits du Silanol dans le cas du traitement.

Le sida : il n'y a pas à espérer de guérison, mais les analyses sur le taux de [?] avant et après absorption. Le médecin ne comprenait pas.

J'ai entendu parler de la poudre de perlimpinpin de Lucky Luke.

Dans tout corps humain il y a du silicium. On a sept grammes de silicium organique, à comparer avec le grain de sable. Il diminue avec l'âge, malgré l'apport en silicium minéral dans la nourriture. C'est un chercheur qui parle, sans relation avec Le Ribault, et qui le replace à sa place.

Le découvreur, c'est Norbert Duffaut. Il travaille avec le Dr Rager, qui teste le DNR, qui publie dans des revues scientifiques; pourquoi il n'a pas publié dans Sud-Ouest ? Il y a des symposiums; s'ils le font, c'est qu'il y a un intérêt. Cette collaboration a donné un médicament, le Conjonctyl, commercialisé de 94 à 98, qui a eu l'autorisation de mise sur le marché.

Ce que ne va pas réussir à découvrir Duffaut, c'est la silice organique naturelle. L'apport de Le Ribault est fondamental.

À partir de sa spécialité, qui n'est pas la médecine, mais l'analyse des sables; il s'est aperçu qu'il y avait formation de silice organique, travaillée par des micro-organismes. Il va obtenir une silice organique naturelle.

C'est le Silanol lui-même, la silice naturelle; c'est pour ça que je vous dis que ce n'est pas des produits Le Ribault. Les autres, pour stabiliser, ont utilisé du détergent.

Le Ribault est tellement persuadé de sa découverte, il y croit tellement qu'il imagine qu'en provoquant les spécialistes, il va les amener à faire les protocoles. Il y a eu des démarches de laboratoire, pour neutraliser la découverte.

Le Silanol qui avait l'AMM s'est éteint en 98; il serait intéressant de savoir pourquoi. Avec Bargigli, ça s'arrête en janvier 96 et avec Iznar, ça commence en janvier 96. Bargigli, qui disait n'avoir pas un sou, n'a rien versé à Le Ribault.

Le Ribault, qu'on dit si vénal, accorde une licence pour 1.000 F par an. Iznar, qui avait la licence du G3, ne pouvait en faire qu'un cosmétique. Je vous renvoie au dossier. Pour Iznar, ce sont trois brevets qui sont cédés. Iznar dit qu'il s'est aperçu que le Silanol était tombé dans le domaine public, je le renvoie aux brevets.

On le considère comme un coucou qui prend dans le nid des autres. Dans les brevets, il cite ses prédécesseurs Duffaut, Gueyne.

Il y a des tests sur les animaux et des témoignages d'humains.

Il rend les chèques quand il ne peut pas livrer.

Il n'y a aucune plainte.

L'escroquerie a été retirée du dossier.

Les seules plaintes que vous avez sont celles de gens qui n'ont pas pu avoir de G5, et qui se tournent vers la Gendarmerie. Quand sur 1.200 lettres il n'y a pas eu une lettre de reproche; on peut s'interroger. Il est mis en examen par lettre recommandée le 14 juin, elle ne le touche pas le 16 juin; il est à l'étranger depuis mars, car en France on ne l'aide pas, il va à Antigua.

Les législations sont différentes : plus de facilité en Irlande, en Suisse. Quand il va revenir en décembre 1996, sa propre mère décède, je ne parle pas des réquisitions chez sa pauvre mère. On l'accuse de tromperie, ce qui permet le mandat de dépôt.

La chambre d'accusation le met en liberté, elle ne pouvait pas faire autrement. La DRASS a donné la jurisprudence où le condamné a été condamné à 10.000f, réduit à 5000f en appel, confirmé en Cassation, avec sursis.

Le juge lui explique que c'est son intérêt d'être poursuivi pour montrer les vertus du Silanol; il va obtenir ce qu'il voulait par voie judiciaire. Rien ne le retient; les choses sont avancées à Antigua. Jusqu'en 2002, il n'y a rien, aucune convocation.

Certains prévenus avaient été entendus comme témoins, d'autres même pas. Le juge instructeur fait l'objet d'une promotion, et s'en va.

Le nouveau juge d'instruction fait face à des problèmes de détention, et chaque acte d'instruction fait l'objet d'une prescription de trois ans. Les autres ont été mis en examen en novembre 99, et depuis, rien dans le dossier. On ne va pas dire que c'est lui qui est la cause du fait qu'il n'y avait rien. On ne savait pas où il était ? Il a demandé un passeport à l'ambassade.

On l'a trouvé comme expert à Reims pour l'affaire Chanal. Pourquoi on ne le trouverait pas à Bordeaux ?

La personnalité de M. Le Ribault : M. Le Ribault a été porté aux nues, nous savons ce que la justice, la police et la gendarmerie doivent à M. Le Ribault.

Et porter le discrédit dans ce cadre, et lui chercher des casseroles, et en particulier dans l'affaire Chanal, c'est lui qui a confondu Chanal, et les analyses de la police ont eu pour objet de couler Le Ribault.

Les stagiaires allaient visiter les locaux de M. Le Ribault. Alors dire que c'est un scientifique sans rigueur, un charlatan, non. Dire qu'il a une personnalité qui braque certains, on ne peut pas lui reprocher un manque de rigueur. Il dit : "Moi, j'estime que c'est un médicament." Si un médicament est par fonction ou présentation, il apporte un bien-être, c'est un médicament.

L'Ordre des médecins, qui n'est pas National, l'Ordre des pharmaciens, National, demandent des sommes faramineuses, il ne faut pas être hypocrite, comment il paierait sans vendre son médicament.

La tromperie nécessite un élément intentionnel. A-t-il voulu tromper qui que ce soit ? Non. Ce serait indirectement, il détournerait les clients de soins conventionnels. La réponse a été apportée. Tous ces gens disent : "Nous ne sommes pas des gogos.".

Le serment d'Hippocrate dit de soigner par tous les moyens son patient. Est-ce qu'on va lui reprocher de faire appel à des thérapies parallèles, qui sont l'ignorance de la médecine officielle : l'acupuncture, l'homéopathie.

Et il y a beaucoup de médecins : le Dr Sotro de Caen; le Dr Godin.

La bonne foi des uns et des autres ne peut pas être contestée.

Paul Garre, conseiller honoraire de la Cour d'Appel d'Aix-en-Provence : "Utilisateur du "G5" avec ma femme, nous n'en ressentons que des bienfaits.".

Pourquoi le "G5" apporte ces soulagements, car il en apporte ?

Le Ribault explique qu'en apportant ce silicium organique qui manque à l'organisme, il s'y substitue et renforce les défenses.

Mme le Procureur, vous dites que c'est un placebo.

L'Agence du médicament, en 96 dit la non-toxicité, analyse publiée dans Sud-Ouest.

Il comparaît devant vous volontairement, car il a obtenu de comparaître aujourd'hui, et de ne pas être trois mois à Gradignan, il a mis fin à sa demande d'asile politique.

Je vous remets à la confiance de M. Le Ribault, les juges libres, du siège.

Vous avez la lettre comme quoi le 15 janvier 96 il ne fournissait pas le Silanol.

Présidente : *Merci Maître.*

Me François Blet : *S'il y a un délibéré, il faut statuer de la libération de Le Ribault.*

Présidente : *[La présidente / Le tribunal?] en a conscience.*

Alors le tribunal met le délibéré cette affaire, le 12 février à 14h.

Il reste détenu jusqu'au délibéré; ce qui vous permet de demander une mise en libération. Il est sous l'effet du mandat d'arrêt.

Le tribunal a été au fond.

Me François Blet : *Les conséquences sont gravissimes.*

Présidente : *On va suspendre quelques instants.*

Présidente : *Le tribunal met en délibéré. Il maintient sa date de délibéré, le jeudi 12 février. Le tribunal allait statuer jusqu'à jeudi prochain sur le mandat d'arrêt.*

Procureure : *J'avais la même analyse que vous.*

[...]

Présidente : *Non, le tribunal a statué sur les faits.*

Procureure : *Depuis 96, on n'a pas réussi à entendre Le Ribault. Je souhaite qu'il reste. Il y a un autre point, le renouvellement de l'infraction, à Bergerac des produits ont été saisis.*

Me François Blet : *Depuis 96 il n'a fait l'objet d'aucune convocation de la part d'un juge. Sur Bergerac, nous n'avons aucune information, il n'y a aucune mise en examen.*

Il a comparu volontairement devant vous. Il a juste exigé de ne pas aller à Gradignan. Il n'a pas cherché à échapper à la justice.

Présidente : *Le tribunal se retire.*

Greffière : *Le tribunal.*

Présidente : *Le tribunal maintient le mandat d'arrêt jusqu'à jeudi prochain, s'il vous plaît, sans commentaire !*

Commentaire

Ce procès était en quelque sorte du "réchauffé". De nombreux marchands vendaient du *silicium organique* sans avoir jamais été en relation avec Le Ribault. Le tribunal ne pouvait charger démesurément l'accusé, ce qui explique sa relative mansuétude comparée à la condamnation d'une Violette F.

Dans la mesure où l'enquête a prouvé que LLR a utilisé comme matière première un produit hydrofuge assez commun, il me semble que la présidente aurait pu souligner l'absence d'invention de sa part et se montrer plus curieuse.

Le silence a cet égard montre que ce procès a été, d'une certaine manière, bâclé.

Principales sources utilisées

Ouvrages consultés :

Loïc Le Ribault, *Micro Analyse et criminalistique*, tapuscrit avant édition.

Loïc Le Ribault, *Qui a peur de Loïc le Ribault* ?, 1998, 2000, 2003.

Loïc Le Ribault, *Le Prix d'une découverte ou Lettre à mon juge*, 1998. (2 versions, tapuscrit original et éditions définitive)

Loïc Le Ribault : *L'Histoire d'un grain de sable.*

Loïc Le Ribault, *L'Irlande, un an plus tard... Le crépuscule des cloportes*, 2001.

Vidéo :

Jean-Yves Bilien et Pantxo Arretz, *Mandat d'arrêt contre un chercheur* (Satya Productions, 2003).

Sites web :

http://www.loic-le-ribault.ch

http://www.loic-le-ribault.com

http://www.loic-le-ribault.info

http://www.loicleribault.info

http://www.loicleribault.com (site du G5 irlandais)

http://www.g5-silicium.com/fr/ (distributeur belge du G5)

http://www.silicium-organique.net (distributeur français du G5)

https://www.siliciumg5.com (distributeur espagnol du G5)

http://www.politiquedevie.net/Loic%20LeRibault/DossierLoicLeRibault.htm (Site de Christian Cotten)

http://www.loic-le-ribault.ch/biollr_publications.php (publications scientifiques)

http://www.loic-le-ribault.ch/biollr_presse.php (articles de presse)

Les pages consultées sont indiquées dans le texte. Chaque site a été sauvegardé pour éviter toute contestation en cas d'effacement.

Sources privées :

Divers documents, photos, correspondances, fax etc... dont 25 dossiers originaux ayant appartenus à Le Ribault avec des annotations à caractère autographe.

Fabrication du “méthylsilanetriol”

Le Dr Janet a décrit la fabrication du *méthysiliconate* p. 29 de son livre *Le Silicium et la Vie* en se basant que un article de Jacques Dunoguès paru dans le N° 199 de la revue *La Recherche.* La description de Janet étant assez imprécise en ce qu’elle ne met pas l’accent sur le *méthyltrichlorosilane* qui seul nous intéresse, j’ai ajouté toutes les détails utiles avec l’aide de M. Dunoguès qui fut élève de Norbert Duffaut.

Résumé du processus

Il comprend 4 et même 5 étapes :

Obtention du *silicium élément*

Obtention des *chlorosilanes* par le chlorure de méthyle

Séparation des principaux composés (4) par distillation

Elimination du chlore par hydrolyse

Obtention du *méthylsiliconate de potassium*

Obtention du *silicium élément*

On traite la silice (Si O_2) par du carbone dans un four pour avoir Si + 2 CO.

Soit SiO_2 + 2C = Si + 2 CO.

Obtention des *chlorosilanes*

Les 4 *chlorosilanes* sont classés ici selon leur abondance décroissante. Il faut noter que si le *diméthyldichlorosilane* est le plus abondant, c’est parce que c’est lui dont on a le plus besoin, mais les proportions des 4 chlorosilanes dépendent des conditions expérimentales.

Pour cette obtention, on traite le Silicium à chaud à 230-300° à l’aide de chlorure de méthyle et de catalyseurs à base de dérivés oxydés du cuivre, accompagnés d’autres dérivés métalliques et l’on obtient 4 composés principaux :

$(CH_3)_2$ Si Cl_2 ou diméthyldichlorosilane*

CH_3 Si Cl_3 ou *méthyltrichorosilane* (précurseur du *méthylsilanetriol*)

$(CH_3)_3$ Si Cl ou triméthylchlorosilane

CH_3 Si HCl_2 ou méthyldichlorosilane

*Et non le *diméthychlorosilane* comme l’indique Janet. Il existe existe mais a pour formule $(CH_3)_2$ Si HCl et se forme dans la synthèse directe (CH_3Cl + Si)…

Les quatre composés principaux énoncés ci-dessus concernent seulement les produits dits légers (à point d’ébullition relativement bas), mais il se forme aussi des produits plus lourds (disilanes méthylés et chlorés par exemple) en quantités non négligeables.

Séparation des composés

Elle est obtenue par une distillation très soigneuse qui se joue à quelques degrés près dans des colonnes très hautes (une trentaine de mètres). Ce ne sont donc pas des laboratoires pharmaceutiques ou des fabricants de cosmétiques qui peuvent faire cela.

Elimination du chlore

Elle est obtenue par une opération d'*hydrolyse*. Cette hydrolyse conduit à la formation de liaisons Si-OH, mais aussi Si-O-Si.

Du "méthyltrichlorosilane" au "monométhylsilanetriol"

Le *methyltrichorosilane* après hydrolyse est transformé en *méthylsiliconate de potassium* à 47 ou 50 %[49].

Toxicité "intrinsèque" et "extrinsèque"

J'ai défini ces deux notions dans une note de l'introduction. Il est établi que le *monométhylsilanetriol* n'est absolument pas toxique en soi bien que l'EFSA ait jugé que les données fournies seraient insuffisantes.

Cependant, le mode de fabrication qui vient d'être décrit se rapporte à des produits non destinés à l'usage médical, excepté le *diméthyldichlorosilane* qui est à la base des silicones pouvant servir à confectionner des prothèses utilisées par les chirurgiens.

Il s'ensuit que le mode de production des *chlorosilanes* et leur séparation fait l'objet d'un soin extrême qui exclut en principe toute pollution à base de métaux lourds. Ce qui n'exclut pas d'autres types de pollution liée par exemple à la qualité de la potasse employée dans le cas du *méthylsiliconate.* Ce qui suppose d'en vérifier la pureté et je doute que les laboratoires irlandais et espagnols se soient livrés à ce genre de vérification.

Quoiqu'il en soit, il n'existe pas, du moins à ma connaissance, de matière première à base de *méthylsiliconate* garanti de qualité pharmaceutique sur le marché, excepté le *Conjonctyl (Exsimol, Sedifa)* qui est un produit fini.

Exsymol la firme monégasque qui fabrique les plus gros tonnage de *silicium organique* destinés aux grands noms de l'industrie des cosmétiques ne propose pas *monométhylsilanetriol* de qualité *neutraceutique* en vrac mais seulement un *acide orthosilicique stabilisé par de l'hydrolysat de collagène marin* soluble à 5 % dans l'eau. Il est fourni sous forme de poudre jaunâtre contenant 13 à 17 g. de silicium élément au kg.

Notes

1 - Quand on parle de *silicium organique*, il ne s'agit pas d'une forme de silicium "bio" mais d'un composé relevant de la chimie dite "organique", c'est-à-dire d'une chimie basée sur le carbone. L'appellation est assez problématique et comme telle source de malentendus mais je ne puis aller contre l'usage.

2 - Une "révolution" dont il faut souligner le caractère fort relatif en raison d'un état antérieur de carence assez généralisé.

3 - Ces offres sont innombrables. Un moyen d'en évaluer le nombre consiste à aller sur *Google* et à taper "silicium organique" dans la rubrique "image" et chaque fois qu'on trouve un produit différent à aller sur le site qui le vend. Bien peu donnent leurs coordonnées et le dosage en silicium n'est jamais indiqué sauf chez 3 ou 4 producteurs connus. A noter que la plupart des produits buvables auront disparu avant la publication de ce livre.

4 - Concernant les applications du silicium, mon expérience se limite au domaine des douleurs articulaires, musculaires, tendineuses et aux brûlures. Je l'ai surtout employé comme *anti-inflammatoire* et c'est ainsi que je me suis débarrassé des douleurs d'une double tendinite qui m'empêchait de lever le bras droit. Toutefois, je ne considère pas cette tendinite comme ayant été guérie.

Or à Biganos, Le Ribault a prétendu avoir "guéri" des patients et certains témoignages sont largement sujets à caution...

Bref, si je suis persuadé que la complémentation en silicium devrait certes être généralisée cela ne pourrait être qu'à la condition que cela puisse s'envisager à un prix raisonnable. Or je constate qu'une dose de 15 ml de "G5" irlandais ne contient guère que 1,7 mg de silicium élément tandis qu'une dose équivalente en volume d'*acide orthosilicique* en contiendrait pas loin de 30 mg si l'on ne tient pas compte de la choline ! Il se peut que la récente interdiction de l'EFSA soit à l'avantage des consommateurs...

Enfin, le vrai problème est que tous les *compléments alimentaires* sont excessivement cher, le silicium organique en particulier.

5 - Le nom générique du produit sous lequel on trouvait le *méthylsiliconate* chez Rhône Poulenc a été cité au procès 2004 sans que la Présidente n'ait avancé la moindre question. Etrange cécité ! Quant au public, il n'a rien vu, rien entendu ! L'idolâtrie rend sourd ! La propagande de Le Ribault est un modèle du genre.

6 - Le seul adjuvant non indiqué par Duffaut en 1959 serait l'*hyposulfite de sodium* que LLR a mentionné dans un brevet de *composition thérapeutique* dont il sera question en temps utile.

7 - L'une des raisons qui ont poussé LLR a prétendre avoir créé un nouveau composé dit buvable réside dans la simplification de son emploi d'une part mais aussi et surtout dans l'extension possible de ses applications en vue de très substantiels bénéfices. Il était parfaitement conscient que la limitation par Duffaut au seul usage externe aurait moins de succès car laisser en place des compresses pendant 8 à 12 heures n'est pas une mince affaire. Il faut penser à se procurer ces sangles élastiques que l'on ne trouve que sur les catalogues de matériel destiné aux kinésithérapeutes. Encore faut-il savoir que cela existe !

8 - Le monométhylsilanetriol ne saurait être en soi toxique et il faudrait en prendre beaucoup pour qu'il puisse, en polymérisant, boucher les intestins ou "plastifier" le tube digestif. Avec les 115 mg/litre de silicium élément par litre que contient le "G5" irlandais il n'y a strictement aucun risque ! Le problème serait plutôt dans un dosage insignifiant de cet élément sans parler du prix prohibitif d'un apport aussi parcimonieux sachant que le bon vin peut contenir jusqu'à 200 mg de silicium. Je veux bien croire que le composé à la base du "G5" soit plus assimilable que le silicium vineux mais ça je justifie pas les prix

pratiqués et les "G5" plus ou moins authentiques sont parmi les offres les plus pauvres en silicium élément. Le "G5" est, sans aucun doute, le complément alimentaire le plus rémunérateur car si la Vitamine C au kilo est vendue très cher au kilo en pharmacie et rapporte gros aux fabricants (75 à 100 € contre moins de 25 € quand on connaît la bonne filière) sa production nécessite des investissements considérables en matériel et en personnel.

[9] - J'appelle "toxicité intrinsèque" la toxicité éventuelle d'une molécule considérée en tant que telle soit de la toxicité éventuellement propre au *monométhylsilanetriol*. Elle est à distinguer de la "toxicité extrinsèque" qui peut se poser du fait de la *pollution accidentelle* d'un produit chimique non spécifiquement destiné à un usage pharmaceutique ou assimilé.

[10] - Il y aurait beaucoup à dire sur cet avis et sur les bobards que Verardo, le patron du laboratoire irlandais, a diffusé dans un document confidentiel qui m'a été adressé par erreur en décembre 2009 et qui était destiné à Christian Cotten rebaptisé dans l'email reçu "M. Cotton".

A noter qu'on a, dans le rapport de l'EFSA, la preuve formelle que le "G5" irlandais est toujours fabriqué à partir d'une solution de *méthylsiliconate* à 47% fabriquée à l'origine par Rhône Poulenc que sa fiche de sécurité destine à l'imperméabilisation des *terres cuites* (briques, tuiles).

[11] - Ca semble être le cas de *La Source Claire* qui diffusait un silicium buvable que je suppose avoir été produit par *Codipharm* en raison du choix de l'acide citrique comme stabilisant. Dans le domaine des arnaques à base de *silicium organique*, l'un des fournisseurs les plus chers se trouve être un scieur pyrénéen, grand spécialiste des chalets en bois qui préside à une association organisatrice de stages domiciliée à Guéret et qui vend son silicium au travers d'une boutique censée être établie en Espagne. Cette association a recours, entr'autres formateurs à un médecin qui opère dans la banlieue d'Aix en Provence dans une bicoque sise au milieu d'une sorte de terrain vague rempli de carcasses de voitures. Le personnage et son bureau sont d'une saleté repoussante. Il prétend avoir récupéré un appareil de Lakovsky sans une grange...

Vendu par flaçons de ¼ de litre, le prix au litre du silicium visé frôle les 60 € + port. L'indication des données bio-électroniques paraît conférer à ce produit une apparence de sérieux. On trouve dans la même boutique des ferments à base de sarrasin d'un prix tout aussi prohibitif...

Enfin le particulier qui tient ce commerce à été lié à un certain S. qui, à partir d'une société domiciliée à Pavie dans le Gers, vendait des alimentations stabilisées de chez *Distrame* en les faisant passer pour des appareils d'ionocinèse.

[12] - Cette tournure barbare suffit à situer le piètre niveau intellectuel de son auteur. Voir le *Biocontact* à partir du n° de mars 2010 qui comporte les annonces de trois producteurs. Soit dit en passant, j'ignore comment le *Silicium Espana* peut être "buvable et légal" tout en contenant du "silicium organique de Loïc Le Ribault" qui, en tant que tel, ne peut être constitué que de *monométhylsilanetriol* alors que ce dernier est interdit depuis le 1er janvier 2010 en tant que complément alimentaire. Les charlatans excellent à recourir à des formules aussi creuses, contradictoires et désopilantes dont ils possèdent le secret tandis que la majorité des consommateurs ne savent pas lire !

[13] - Les fabricants étrangers de "G5" exportant leur silicium H.T., ils ne vont pas changer leur tarif. Les diffuseurs revendeurs vont donc devoir soit augmenter le leur pour conserver leur marge, soit résister et éventuellement faire durer le contentieux avec le Fisc français jusqu'en cour européenne en prévoyant la liquidation de leur société anonyme pour en recréer une nouvelle sans avoir à bourse délier...

[14] - Le principal problème vient de ce que le *silicium buvable* a été vendu à un prix franchement prohibitif car Le Ribault a multiplié par 10 ou 12 le prix pratiqué jadis par Duffaut. Tous les producteurs ont été contraints d'emboîter le pas car si certains d'entre eux avaient *cassé les prix*, ils auraient été dénoncés comme vendant de l'eau du robinet. Ils y avaient du reste doublement intérêt à suivre le mouvement.

A présent, voici un exemple particulièrement caricatural de l'exploitation de la vogue du silicium avec *la première eau de beauté à boire*. Voir http://www.opures.fr. A noter que si cette eau contient du silicium, on ne sait pas de quel type de silicium il s'agit ! Quoiqu'il en soit cet exemple de dérive destinée à exploiter de façon éhontée une certaine jobardise féminine fait partie des choses qui devrait taper sur les nerfs des gens normalement constitués. Le mot "silicium" est bien devenu une sorte de *talisman marketing*.

[15] - Selon une source privée et sous toutes réserves, Duffaut aurait touché une centaine de millions de l'époque de la vente en cascade de ses brevets à Jean Gueyne alors directeur de *Exsymol*. Une goutte d'eau en comparaison des profits tirés du silicium organique employé dans l'industrie des cosmétiques. Je suis cependant persuadé que si l'inventeur avait daigné avouer sa détresse l'intéressé ne l'aurait pas laissé dans le besoin. Mais Duffaut était un personnage psychologiquement très complexe et sa manie de toujours *faire le mariole* était bien de nature à donner bonne conscience à tous ceux qui lui doivent leur fortune personnelle tandis que la cause de leur enrichissement a fini misérablement...

[16] - Voir le manuscrit de Duffaut à partir de la page 13.

[17] - La destination du *diméthyldichlorosilane* implique qu'au départ de la réaction toute espèce de métaux lourds soit écartée. Il ne reste que la potasse qui pourrait être contaminée dans le cas du *méthylsiliconate* utilisé comme produit industriel à vocation hydrofuge. Pour plus de détails, voir à ce sujet les annexes.

[18] - "DNR" signifiant à l'origine *Duffaut Norbert Rhumatismes* et non *Duffaut Norbert Remède*. Le "DNV" concernant les virus, le "DNC" contenant de l'acide citrique, le "DNB" (à base de vin chauffé "(sic) concernant les mycoses, angines, psoriasis et le "DNZ" (Z pour zirconium) étant destiné aux cancers. Duffaut manifestait son sens de l'humour jusque dans ses formulations. On apprend dans son mémoires qu'il a traité les cors aux pieds par un mélange de silicium et de ... *Nescafé*... Et ma foi je n'y peux rien si tout cela ne fait pas très sérieux !

[19] - A l'époque, ce ne devait pas être une simple question d'argent, le mercantilisme de la part de Janet étant venu bien plus tard avec la création de la société *Bionat* et la commercialisation d'une pluralité d'appareils fort contestables. Trois des appareils proposés sont des gadgets inutiles et le prix du modèle délivrant 30 mA étant par trop prohibitif. A noter que Mme Janet qui a la haute main sur ce commerce, est notoirement connue pour son âpreté au gain. Elle n'a du reste pas hésité, pour jeter la suspicion sur un concurrent accusé d'avoir copié l'un de leurs appareils, de l'accuser de vendre des électrodes bardées non de fils d'argent mais d'aluminium !

Ce qui est faux ! En effet, la firme belge dont il s'agit propose des électrodes composées d'une feuille de plastique recouverte d'une couche de carbone qui sont sans aucun doute nettement plus fiables que les électrodes en caoutchouc carboné vendues par Bionat. Le fabriquant du seul "négativeur" disponible sur le marché a du en retourner un fort pourcentage après les avoir testées car il a constaté au multimètre que la conductivité variait considérablement d'un point à l'autre de leur surface...

Quant aux motifs de la brouille que l'on devine, j'y verrai plutôt une certaine incompatibilité d'humeur. Jacques Breton en est toujours, a plus de 80 ans, à vouloir faire homologuer auprès de la communauté européenne un appareil dont le succès commercial est des plus douteux. Si les progrès en matière de thérapeutique sont manifestement à chercher du côté des applications de l'électromagnétisme, l'industrie chimique, bien qu'elle ait le dos au mur, multiplie les actes de résistance.

L'hypothèse d'une l'incompatibilité d'humeur est la plus vraisemblable car j'ai de bonnes raisons de penser que les soucis de rigueur scientifique de Jacques Breton ont du faire que ça n'allait pas assez vite au gré des deux principaux médecins concernés. D'où le désir de Janet d'accéder à l'indépendance en cherchant d'autres fournisseurs.

[20] - Jacques Breton a eu connaissance par mail du contenu des textes le concernant. Il a donc été invité à les contester. Le 2 mars 2010 il m'a annoncé qu'il me ferait suivre les spécifications électriques de son *Cytotron* et qu'il répondrait à mes objections au sujet de la validité de ses deux brevets initiaux. J'attends toujours...

Faut-il rappeler qu'il ne suffit pas de présenter le texte d'un brevet pour faire valoir des droits. Encore faut-il que le brevet en question ait été effectivement délivré. Or bon nombre de brevets examinés dans ce livre ont probablement été abandonnés en cours de route, ce qui n'a pas empêché un déposant comme LLR d'en vendre des parts à des naïfs qui se sont fait tous berlurer tels MM. Declercq, Bargigli etc... Dans le cas de Jacques Declercq, ces brevets n'ont même pas été correctement identifiés dans le contrat par l'une ou l'autre des références de l'INPI !

[21] - J'étais en pourparlers avec son dirigeant car je projetais d'acheter son appareil dont le prix paraissait très raisonnable au regard des pratiques ambiantes (980 € au lieu de près de 4000 € chez *Bionat*). Le vendeur est un personnage excessivement désagréable et irascible qui peut s'empêcher de donner des leçons à ses clients potentiels. Il a fini par m'insulter en me disant *je vous emmerde, allez vous*

faire foutre avant de me raccrocher au nez et cela parce que je ne me décidais pas assez vite à son gré !

Mon sang n'a fait qu'un tour et c'est alors que j'ai fini par m'aviser que l'appareil portant la mention *alimentation stabilisée - Power Supply* suivi d'une référence, il devrait s'agit d'une alimentation de laboratoire du commerce. J'ai découvert en un tournemain le modèle original vendu moins de 250 € par quantité. Ma découverte a contraint ce Monsieur S. à disparaître en effaçant promptement son site. Il a donc admis implicitement que cette fraude pouvait s'avérer potentiellement dangereuse pour ses patients et pour lui-même. Ce genre d'alimentation étant prévue pour délivre un courant de 2,5 A et non de 25 mA, je doute que leur stabilité soit suffisante !

Néanmoins, des recherches sont en cours pour déterminer si l'un ou l'autre des appareils de ce type est susceptible d'une régulation suffisante pour être utilisée comme appareil d'ionocinèse.

A l'instar du scieur pyrennéen évoqué plus haut, le personnage dont il s'agit vendait très cher des compléments alimentaires depuis l'Espagne qui est visiblement un paradis pour de nombreux trafics "alternatifs". Son site semble avoir disparu avant mon intervention. Enfin si cet individu devait réapparaître ici ou là je ne manquerais pas de me rappeler à son bon souvenir…

Je dois également attirer l'attention du public sur les nombreux appareils du type *Aqua Detox*, consistant en une bassine dans laquelle on trempe ses pieds pour en extraire les toxines grâce à un processus électrique. Il s'agit manifestement d'une véritable charlatanerie. La coloration du liquide provient de la décomposition de la bobine métallique du fait d'un courant d'électrolyse. Le dépôt qui ressemble à une sorte de rouille plus ou moins grasse n'est que le résultat de l'oxydation de la cathode. Il faut être particulièrement bête pour s'imaginer qu'il pourrait s'agir de "toxines" excrétées par les pieds du patient...

A noter que la ficelle étant devenue un peu grosse, on propose à présent des bobines inoxydables moyennant un supplément de prix mais en revanche personne n'a encore prouvé l'existence de la moindre extraction toxinique. Quand aux spécifications électriques de ce genre d'appareils cela reste un profond mystère et j'invite ceux qui peuvent avoir accès à ce genre d'appareils de faire des mesures avec un multimètre. Je présume que les patients ont intérêt à être bien isolés du sol car pour produire pareille décomposition, il doit falloir bien plus de 30 ou 35 mA. Je suis donc fort étonné que l'Ordre des Médecins pourtant si prompt à se gendarmer pour des pecadilles n'ait pas trouvé le moyen de faire intervenir les services de répression des fraudes.

En revanche, il serait parfaitement orthodoxe d'utiliser un appareil d'ionocinèse pour faire circuler un courant régulé entre les deux pieds d'un patient à raison de deux bassines distinctes. La remarque vaut pour un circuit entre un pied et le bras opposé car ce système permettrait d'éviter le risque de brûlures en prenant la précaution d'interposer un treillage de plastique entre les électrodes et l'une ou l'autres des extrémités du patient. Ce système permettrait d'irriguer en courant régulé une portion plus importante du corps du patient en une seule opération.

[22] - On note un caractère très *procédurier* dans les justifications avancées par LLR pour contrer ses adversaires voire dénoncer de prétendues contrefaçons de son "G5". En voici un bel exemple :

http://www.loic-le-ribault.com/fr/faussaires/iframe05.htm

Ce genre de prose présente un caractère assez pathologique. C'est absolument illisible et cela devrait produire une fâcheuse impression. La remarque vaut également pour le livre intitulé *L'Irlande un an plus tard* qui est un sommet dans le genre déballage sordide !

[23] - On conviendra que la remarque du Dr Janet est malheureuse car elle revient à ériger en facteur positif une pollution (ou éventuelle "toxicité extrinsèque") du composé utilisé. Ensuite, on ne voit guère comment Janet aurait pu différencier de façon vraiment objective la qualité des résultats obtenus d'une part avec le "DNR" artisanal de Duffaut et d'autre part avec le *Conjonctyl*, dont la molécule de départ est censé avoir été purifiée si tant est que la chose ait été nécessaire eu égard au soin réclamé par la production des 4 chlorosilanes de départ sachant que le *diméthyldichlorosilane* est le précurseur des silicones utilisés pour certaines prothèses. Voir l'annexe sur la fabrication du *monométhylsilanetriol.*

[24] - Voir *La ronde des banques*, p. 50 dans *Qui a peur* ?

[25] - A noter que LLR insiste à plusieurs reprises sur cette marque de voiture. Ainsi au temps de la splendeur du C.A.R.M.E. il roulait en *Mercedes.* C'est aussi une *Mercedes noire* qui est venue le quérir à Reims pour l'emmener en Belgique. Tandis que la *Mercedes* qui est censée avoir véhiculé les représentants d'un laboratoire pharmaceutique d'Etat venu lui acheter ses brevets pour les enterrer est tout aussi

fantasmatique que le *sac Adiddas* qui aurait contenu les millions.

Enfin le *sac Adiddas* a aussi quelque chose à voir avec les *footeux* au sujet desquels LLR a professé, durant son enfance, une certaine horreur.

Je n'apprécie guère les interprétations freudiennes. Néanmoins, ces détails devrait prendre un certain relief à la fin de l'histoire, avec l'apparition d'une "fausse concubine" bien qu'elle ne l'ait été qu'à moitié. Encore faut-il avoir pu constater que certains milieux marginaux sont favorables à un certain type de *mytholomanie de compensation.* Quoiqu'il en soit Le Ribault a lamentablement échoué là où un Jeandet fut sur le point de terminer par une *apothéose* qui de somptueuse est devenue assez franchement sinistre...

[26] - Sokolovitch aurait fabriqué du silicium à la Teste où il aurait eu un laboratoire mais je n'ai pas pu recouper cette information.

[27] - Précisons seulement que *Bel Ami* est au goût américain ce que les films d'un certain *Cadinot* sont au goût français... D'où des échanges de devises à peu près équivalents... Pour les lecteurs un peu lents à la détente, je précise qu'il s'agit de producteurs de films *porno homo.* Mais enfin les honnêtes gens ne sont pas censés le savoir...

[28] - Il existe une Nathalie Baudry qui est photographe et amatrice de *coulant de chocolat aux éclats de pistache* mais ce n'est sans doute pas la bonne. En revanche, il y avait en 2003, à l'Institut d'Optique d'Orsay une personne du même nom qui pourrait correspondre.

[29] - Certains observateurs ont eu tendance à voir dans le phénomène de Biganos une sorte de "secte" au sein de laquelle LLR aurait joué le rôle d'un "gourou". Cette thèse ne cadre pas vraiment avec le côté nettement anticlérical de Le Ribault. Néanmoins, il semble avoir été poussé, bien malgré lui, à parodier le genre le genre de phénomène religieux qu'il détestait le plus. Quoiqu'il en soit la Maguy apparaît bien en une certaine manière comme un concentré de "Sainte Vierge" et de "Marie Madeleine". Quant aux *Judas*, on n'a guère que l'embarras du choix... Et du côté des "patients", la dévotion le plus aveugle n'a pas manqué...

[30] - Gaston ? C'est en quelque sorte le *Lazare* de l'histoire en mode burlesque. Sur le plan symbolique, c'est *la gaffe* ! J'ai beaucoup de mal à croire en la possibilité d'un déblocage d'articulations motrice comme les genoux au terme d'une simple application de "G5" en compresse durant une demi-heure. Ce genre de prodige ne peut qu'engendrer des doutes et il existe des paralytiques qui ne l'on été que psychiquement...

[31] - J'ai essayé de joindre un Robert Bargigli qui est sur l'annuaire en lui laissant un message avec un email. Sans réponse de sa part. Le nom de Bargigli est assez répandu dans le Sud-Est et je prie les intéressés de bien vouloir m'excuser d'exposer ainsi leur nom à la curiosité publique. Cependant et dans la mesure où il a été cité par LLR, je ne pouvais me contenter d'initiales. L'on n'est pas tenu, cela va de soi, de croire aux insinuations de Le Ribault à propos de l'appartenance alléguée de ce Bargigli à la maffia marseillaise. Enfin je ne pouvais m'abstenir de rappeler l'histoire du corbillard qui a le mérite d'ajouter une note piquante.

[32] - Je ne me suis pas attaché à vouloir reconstituer le chiffre d'affaires de LLR année après année car les chiffres qu'il a donnés ont varié et des exagérations sont à craindre.

[33] - Selon Duby et Jourdan. Certains des détails donnés respirent l'authenticité. La seule chose déplorable c'est la volonté d'impliquer LLR à l'extrême droite. Assez franchement égocentrique, on peut affirmer qu'il se foutait de la politique et n'avait de souci que sa propre réussite.

[34] - J'ignore si la facture des frais d'obsèques a été payée depuis juin 2007. Le réprésentant de *Silicium Espana*, présent sur les lieux, aurait pu mettre la main au porte monnaie mais il s'est borné à la publication d'un compte-rendu au style typique d'un certain type de parvenu. Avec toutefois cette différence que LLR savait écrire en un français correct tandis que son "héritier spirituel", le fameux Juan Carlos, a, sur les vidéos qu'il a publiées, l'air fort pénétré et à la fois absent d'un bonimenteur qui ne croit pas un mot de ce qu'il raconte au sujet de ses crèmes...

[35] - Un C.A.R.M.E. à Antigua mais pour quoi faire dans cette île quasi paradisiaque ? Il y a bien quelque chose d'assez enfantin dans les divers fantasmes de LLR. Je n'ai pas fait le compte des projets de C.A.R.M.E. mais c'est un point assez symptomatique...

[36] - J'ai récupéré un bidon de "G5" et un tube de gel provenant de ce laboratoire Berkem et datant de cette époque. On aurait pu soigner un peu plus les étiquettes surtout celle du tube. L'apparence est

franchement minable. Aucune mention de la provenance bien évidemment. Le côté artisanal a été souligné à dessein pour appuyer l'idée que le produit étant l'objet d'une guerre de persécution, il ne pouvait pas bénéficier d'une présentation plus luxueuse. Et c'était autant de gagné en terme d'économie.

Ce qui est étonnant c'est qu'au final on apprend que Berkem a produit du "G5" jusqu'en 2007 soit pendant 10 bonnes années sans que les services de répression des fraudes ne paraissent s'être intéressés à son cas. Aussi lorsqu'on lit sous la plume de LLR que grâce au "G5" ce laboratoire a pu éviter la faillite, on est bien tenté de le croire...

Enfin quoiqu'il en soit la durée de cette production quasi clandestine tend à montrer que ce n'était pas au "G5" qu'on en voulait mais uniquement à Le Ribault coupable d'avoir bravé la Gendarmerie et le Ministère de l'Intérieur...

Inutile de préciser que j'ai testé ces produits, je n'ai pas trouvé le gel ni plus ni moins efficace que celui que je fabrique pour mes besoins et celui de quelques proches.

[37] - La fabrication du "G5" étant semi clandestine, Berkem ne pouvait accepter de compliquer sa comptabilité en assumant de virements à l'étranger qui auraient laissés de traces et aurait pu attirer l'attention.

[38] - La bidon de "G5" provenant de Berkem que je conserve est pourvu d'un bouchon rouge et il date approximativement de 1998. Cette histoire de couleur de bouchon est une invention pure et simple. Quand un laboratoire se fournit auprès d'une entreprise comme Raja ou équivalent, il n'est jamais sûr, d'une livraison à l'autre d'être à l'abri de variations de détails. A moins de faire fabriquer spécialement les conditionnements qu'il utilise...

[39] - Quand on sait à quel point les fraises espagnoles sont polluées par le déversement de produits phytosanitaires des plus toxiques (et ce n'est pas seulement le cas des fraises puisque c'est aussi celui des les légumes), on ne peut qu'être méfiant à l'égard de tout ce qui vient d'au-delà des Pyrénées. L'Espagne c'est un peu la "Chine de l'Europe !" Mais ne généralisons pas !

[40] - C'est ainsi qu'elle diffuse un extrait de pépins de pamplemousse dont la concentration (excessivement faible dit-on sur la Toile) n'est même pas indiquée sur l'emballage. Elle n'est donnée que pour les bioflavonoïdes ajoutés.

Quand au père, c'est un personnage comportant des facettes contradictoires. Ses compilations médicales sont loin d'être inintéressantes. En revanche, sa fascination pour un certain type de phénomènes prétendument d'origine extra-terrestre m'inspire les plus vives réticences. Je suis convaincu que ces sortes de phénomènes a pour origine les facéties de *djinns* pas très catholiques...

[41] - Cette histoire de *stabilisation* est une fable ! Le fax datant de 1996 déjà évoqué ne mentionne qu'un contrôle du pH après 2 jours de repos. On le pratique par acquis de conscience mais il n'existe pas de raison qu'il se passe quelque chose de particulier pendant ces deux jours. Sauf qu'un brassage pratiqué dans une grande cuve peut toujours s'avérer inégal. Avec un mixer en plastique dans un bocal de 3 litres c'est plus sûr...

[42] - Certaines rumeurs malveillantes auquel il est fait allusion disent précisément le contraire à propos des enfants. La "pédophilie" étant à présent un article très décrié, contrairement à ce qui s'est passé au lendemain de Mai 68 où le mot d'ordre était de libérer la sexualité des enfants, on mélange tout ! C'est de la pure malveillance. Le personnage dont on parle est assez "chargé" au naturel sans qu'il soit nécessaire d'en rajouter !

[43] - Jacques Paltz, fondateur de l'*Artemisia College* a prétendu récemment que son site aurait été détruit par une faction du même tonneau à cause de ses prises de position contre la tentative de vaccination massive contre le virus H1N1. Ses prises de position ont été plutôt mesurées par rapport à certaines accusations portant sur une tentative de génocide mondial. Ma thèse est qu'il avait intérêt mettre sur le compte d'un groupuscule étatique mais occulte le sabordage de son site afin d'en rendre l'accès payant après l'avoir restauré de façon à provoquer la multiplication des abonnements à sa "feuille".

L'histoire que l'on a racontée (voir http://vivresansogm.org/topic/index.html) est probablement une fable destinée probablement à masquer une visée purement mercantile. Une amie a eu la gentillesse de me communiquer la collection complète de ladite "feuille". Elle n'est constituée que de répétitions et la valeur documentaire est des plus minces...

[44] - Ca ne m'était pas venu à l'idée. Les traits de mythomanie de LLR m'avaient certes fait tiquer. Ca me rappelait bien du *déjà vu* mais je n'arrivais pas à déterminer quoi. Le Ribault passait pour être très intelligent. Il a probablement voulu *lisser* l'image qu'il souhaitait donner mais en insistant sur son goût pour les *Mercedes* et en mettant en scène un *sac Addidas* évocateur de vestiaires et de promiscuité masculine, il nous a jeté à la figure un côté *parvenu* qui dénotait un *complexe d'infériorité* typique d'une extraction assez modeste. Avec la prétendue détestation des *footeux* comme synonyme de vulgarité prolétaire, nous avons chez le Ribault un petit côté *Stroumpf à lunettes*, soit l'intellectuel planeur opposé aux petites brutes grossières qui hantent en majorité des cours de récréation. Ce serait bien sympathique si au vrai mon héros ne s'était pas révélé *bouffi de prétention*. De sorte qu'au final, je ne crois pas du tout à la thèse d'une grande intelligence de LLR, à moins qu'elle ne soit relative à la bêtise de la plupart de ses admirateurs… Et puis le côté "agité" que tout les témoins directs de sa geste lui reconnaissent aurait du mettre la puce à l'oreille de bien des observateurs…

[45] - Le nom du produit a été écorché en raison de la transcription phonétique faite probablement à partir d'un enregistrement sur cassettes. Il existait chez *Rhône Poulenc* plusieurs produits comportant ce nom générique. Le nom complet comprend en plus 2 chiffres et une lettre.

Fabriqué à l'origine par *Rhône Poulenc* qui avait acheté à *General Electric* son savoir faire, le produit est passé dans l'escarcelle de *Rhodia*, sa filiale. C'est à partir de 1973 que la Chine s'est impliquée dans la fabrication des silicones, le nom de *Blue Star* apparaissant en 1984 comme société de nettoyage.

Voir pour l'historique : http://www.bluestarsilicones.com/Jahia/site/BSI/histoire.

Blue Star fabrique également des silicones destinés à des applications dans le domaine de la santé, du paramédical et de l'art dentaire.

Voir http://www.bluestarsilicones.com/silicones/lang/fr/bluestarsilicones/brochures

Concernant le procédé de fabrication des *chlorosilanes* à l'origine des divers composés à base de silicium dont les silicones utilisés en médecine et en chirurgie voir l'annexe sur la fabrication de *monométhylsilanetriol*.

A noter que le produit dont on parle ne se trouve plus guère qu'en bidons de 200 kg. A noter qu'il coûtait en 2008 entre 1,85 € et 2,65 H.T. le kilo, le *méthyltrichlorosilane* son précurseur valant à l'époque entre 0,50 et 0,65 €. S'ajoute la marge des distributeurs. On trouve aisément du *méthylsiliconate* dilué entre 1 et 5% dans de nombreux produits hydrofuges très communs mais ces produits disponibles en droguerie et dans des magasins comme Leroy Merlin posent le problème de la qualité de l'eau ayant servi à la dilution.

Le *méthylsiliconate* est toujours associé à de la *potasse caustique* (hydroxyde de potassium) d'où un pH > à 13 et le caractère corrosif de la matière première de départ évoqué lors du procès. A noter que la *potasse caustique* est utilisée pour la fabrication de l'*Ormus*, un autre produit très en vogue censé être un composé alchimique que l'on tire du sel marin et en particulier du sel de la Mer morte.

[46] - Non il s'agit de *potassium* comme on vient de le voir. Il est vraiment très étonnant que tous ces détails à propos de la matière première n'aient jamais été relevés et que l'on ne se soit pas posé de questions en se demandant en quoi pouvait bien consister l'originalité du "G5".

[47] - L'aveu est à souligner…

[48] - Quel rapport avec le silicium ?

[49] - Mon sens des responsabilités m'interdit de donner de plus amples précisions en favorisant la vocation d'éventuels apprentis sorciers.

Table